MÉMOIRE

SUR LE PROJET

DU CHEMIN DE FER

DE L'ALLIER,

DE NEVERS AU BASSIN HOUILLER DE BRASSAC,

PAR

Moulins, Saint-Pourçain,
Gannat, Aigueperse, Riom, Clermont-Ferrand, Issoire
et Saint-Germain-Lembron.

PARIS.

IMPRIMERIE ET FONDERIE DE FÉLIX LOCQUIN ET COMPAGNIE,

16, RUE NOTRE-DAME-DES-VICTOIRES.

—

AOUT 1838.

MÉMOIRE

SUR LE PROJET

DU CHEMIN DE FER

DE L'ALLIER,

DE NEVERS AU BASSIN HOUILLER DE BRASSAC,

PAR

*Moulins, Saint-Pourçain,
Gannat, Aigueperse, Riom, Clermont-Ferrand, Issoire
et Saint-Germain-Lembron.*

AOUT 1838.

IMPRIMERIE ET FONDERIE DE FÉLIX LOCQUIN ET COMPAGNIE,
16, rue Notre-Dame-des-Victoires.

TABLE DES MATIÈRES.

—

CHAPITRE PREMIER.

Inconvéniens et insuffisance des voies de communication.

CHAPITRE II.

Nécessité d'un chemin de fer pour suppléer aux inconvéniens de la navigation et du roulage.

CHAPITRE III.

Mouvement commercial et circulation des voyageurs.

CHAPITRE IV.

Description du tracé du chemin de fer.

CHAPITRE V.

Estimations.

CHAPITRE VI.

CHAPITRE VII.

Evaluation des produits.

Tableaux.

MÉMOIRE

SUR LE PROJET

DU

CHEMIN DE FER

DE L'ALLIER

DE NEVERS AU BASSIN HOUILLER DE BRASSAC.

CONSIDÉRATIONS GÉNÉRALES.

Le bassin de la Loire est celui qui, de toute la France, a reçu, en fait de communications, les plus importans et les plus vastes perfectionnemens.

Tant de travaux entrepris pour mettre ce bassin en rapport direct avec ceux qui l'entourent, favoriser ses échanges locaux et son commerce intérieur et extérieur, sont bien loin cependant d'avoir atteint le but, et satisfait aux besoins les plus impérieux d'une population de près de six millions d'habitans, répartie sur une si grande étendue de territoire, la plus remarquable, de presque toute l'Europe, par la richesse et l'abondance de ses produits, par la multiplicité de ses villes populeuses, commerciales et industrielles.

Au milieu de cette extension des voies de communication, de cet accroissement toujours progressif des relations de toute espèce entre les différentes contrées du royaume, n'est-ce pas un fait digne de remarque, et pour

1

ainsi dire incompréhensible, de voir l'une des parties les plus importantes du bassin de la Loire, arrosée par l'Allier, affluent et principale ramification du fleuve, laissée toujours étrangère à tant d'améliorations, à celles même que le gouvernement vient de proposer d'étendre sur toute la surface de la France.

Les inconvéniens et les dangers que présente la navigation de l'Allier, impossible à la remonte, et la nécessité de créer aux départemens que traverse cette rivière, une voie constante d'écoulement et d'échange, ont cependant attiré depuis longtemps l'attention du gouvernement, plus d'une fois réveillée par les réclamations des conseils-généraux des départemens de la Haute-Loire, du Puy-de-Dôme et de l'Allier, et de tous les organes des intérêts du pays. Un membre du conseil-général de la Haute-Loire, M. Aug. Lamothe, au sujet de l'enquête commerciale et industrielle de 1834, de la nouvelle loi de douanes de 1835, du projet de loi de navigation intérieure de 1836, a signalé tous les vices et les inconvéniens qui s'opposent au développement de la production, et grèvent si énormément la consommation de ces départemens ; l'atteinte portée au travail intérieur du pays, par son isolement complet de ce vaste cercle de communications, qui ne tendent qu'à favoriser le commerce du littoral et des frontières au préjudice des départemens du centre, du pays véritablement producteur, où la France doit puiser ses premières et ses plus sûres ressources.

En dernier lieu, l'honorable M. Girot de Langlade, député du Puy-de-Dôme, a fait remarquer, dans la discussion récente d'une pétition présentée à la Chambre par les riverains de l'Allier, que, sur 270 millions demandés par le gouvernement, savoir : 113 millions pour la navigation, et 157 millions pour l'établissement des grandes lignes de chemins de fer, somme à laquelle tous les citoyens contribueraient dans des proportions égales, le nord et le centre de la France absorberaient 189 millions, et le sud ainsi que le sud-ouest, 81 millions ; et que, quant aux départemens traversés par l'Allier, ils ne retireraient aucun avantage direct de ces crédits.

Comme conséquence immédiate des immenses projets conçus en 1820, pour coordonner tout le système de la navigation intérieure, dont une partie se trouve aujourd'hui réalisée, des ordres avaient été donnés pour procéder à la reconnaissance des lieux, et rechercher les moyens d'affranchir le commerce de l'Allier des pertes et des entraves de toute nature auxquelles il est encore assujetti.

Ces études, confiées à M. Méry, ingénieur des ponts et chaussées, sous la direction de M. de Thuret, ingénieur en chef du département du Puy-de-Dôme, furent terminées en mai 1828.

L'amélioration en lit de rivière ayant été reconnue impraticable, on dut s'arrêter à l'idée d'un canal latéral, pour suppléer à toute la partie navigable depuis l'origine du bassin houiller de Brassac, au confluent de l'Alagnon, jusqu'à la Loire où l'on devait se rattacher au canal latéral à ce fleuve près du Bec-d'Allier.

Une commission de la chambre de commerce de Clermont, dont les lumières et l'appui ne manquèrent jamais au pays dans toutes les circonstances où il s'est agi de ses intérêts et de son bien-être, avait déjà démontré jusqu'à l'évidence, dans un rapport imprimé en 1827, les avantages de cette ligne de navigation, que l'on jugeait alors comme le moyen le plus convenable d'offrir un débouché aux produits des départemens de l'Allier supérieur, de faciliter les échanges, et de mettre un terme à la dévastation des forêts riveraines, où la disette des bois nécessaires à la construction des bateaux se faisait déjà sentir d'une manière effrayante.

Le projet du canal avait obtenu tous les suffrages; mais les énormes dépenses auxquelles il devait donner lieu, malgré les combinaisons proposées pour en réduire le montant, s'opposèrent à son exécution. Le gouvernement, préoccupé d'ailleurs du soin de compléter les grandes communications navigables, et de favoriser le commerce extérieur, ne crut pas devoir ajouter de nouvelles charges à celles que nécessitaient tant de travaux commencés. Aucune compagnie n'osa tenter d'en faire l'objet d'une spéculation particulière en vue d'une augmentation future de produits, le présent ne pouvant offrir que des bénéfices fort restreints.

Il eût fallu, peut-être, dès cette époque, rechercher, dans les ressources d'une invention nouvelle, une solution plus convenable de la difficulté. Mais l'expérience n'avait pas encore appris tout ce que l'on pouvait attendre de l'établissement d'un chemin de fer, qui, en satisfaisant à des conditions uniquement propres à ce genre de communication, pouvait ainsi seul réaliser une masse de produits auxquels une voie navigable reste toujours étrangère.

Les essais tentés dans un département voisin n'avaient pas été aussi féconds

en résultats qu'on aurait pu l'espérer d'abord. Ouverts pour favoriser principalement les exportations des houilles de la Haute-Loire, les chemins de fer
de la Loire, de Saint-Etienne à Roanne, sans communication vers le nord,
sont encore improductifs, parce que ces exportations auxquelles, d'ailleurs,
la rivière vient participer, ne sont pas une source suffisante de prospérité
dans une localité dépourvue de population et d'industrie sur une si grande
étendue.

La compagnie du chemin de fer de Saint-Etienne à Lyon, également
trompée dans ses prévisions sur le transport des charbons du bassin houiller
du versant du Rhône, a pu trouver au moins dans la circulation des voyageurs, devenue tout à coup si active entre ces deux villes, une source ines-
pérée de produits qui l'a sauvée de sa ruine.

Mais quand on possède une connaissance même superficielle de toutes les
richesses agricoles et minérales que renferme le sol fertile arrosé par l'Allier
et ses nombreux affluens, des difficultés qui s'opposent à leur écoulement, et
par suite au développement de la production ; quand on considère les frais
d'importation de tant de denrées nécessaires aux besoins sans cesse renaissans
d'une population considérable, agglomérée comme sur un même point,
surtout dans cette belle partie de la vallée qu'on nomme la Limagne d'Auvergne, on ne saurait douter des avantages d'une voie sûre et économique,
susceptible de suppléer à la navigation descendante, aux transports si onéreux du roulage, et de réaliser pour le commerce et l'industrie toutes les
améliorations que réclament les besoins de l'époque.

Certes, lorsqu'on a pénétré dans le cœur de la question, lorsqu'on a pu
se convaincre des ressources et des produits que pourrait offrir un chemin
de fer destiné à desservir la vallée et tout le bassin de l'Allier, mis ainsi en
rapports intimes de commerce et d'intérêts de toute nature avec la partie
septentrionale de celui de la Loire, et avec celui de la Seine ; on peut, sans
se faire illusion, dire que c'est une des lignes qui renferment le plus d'élémens
de succès, et qu'il n'en existe pas peut-être, qui, dans l'intérêt général
comme dans l'intérêt particulier de la propriété, puisse offrir un jour de
plus beaux résultats.

Le bassin de l'Allier, doué d'une position géographique si propre à donner
aux départemens qu'il renferme une permanence d'activité et de circulation,
parce qu'il possède toutes les richesses territoriales et une grande population

et qu'il se prête au transit de toutes les denrées qui s'échangent du midi au nord et de l'est à l'ouest, contient presque en totalité, le département du **Puy-de-Dôme**, le cinquième de toute la France par sa population, une grande partie des départemens de la Haute-Loire et de l'Allier, plusieurs cantons de la Lozère, du Cantal, de la Nièvre et du Cher, et quelques communes de l'Ardèche. Il renferme environ un million d'habitans, dont la masse principale se trouve réunie dans la vallée. C'est là que l'on rencontre, à des distances si rapprochées, tant de villes et de bourgades, dont peu de localités offrent le tableau actif et varié; ce sont : dans le Puy-de-Dôme, Clermont, entrepôt de la France centrale, qui compte, y compris sa population flottante, près de 40,000 habitans; Riom, siège d'une cour royale; Ambert, Thiers, dont l'industrie manufacturière a acquis depuis si long-temps une juste célébrité; Billom, Issoire, Aigueperse, et une multitude de bourgs dont la population agglomérée comprend plus de 3,000 habitans; dans l'Allier, Moulins qui n'est pas sans importance par l'active circulation du roulage et des voitures publiques sur les nombreuses routes dont cette ville est traversée ; ensuite Gannat, Varennes, Cusset, Saint-Pourçain, etc., qui participent et contribuent à ce mouvement.

La vaste partie du territoire au centre de laquelle coule la rivière d'Allier, se trouve abondamment pourvue de toutes les richesses susceptibles d'assurer la prospérité d'une contrée.

Au nombre des productions agricoles, on remarque les vins, les fruits, les chanvres de la Limagne; les blés, les fourrages, les bestiaux, les cuirs, les pelleteries, les bois ouvrables, les fromages du Cantal et du Mont-Dore, etc.

Parmi les productions minérales, figurent en première ligne, les houilles que l'on rencontre avec profusion aux deux extrémités du bassin, et qui en forment un des traits caractéristiques.

Les premiers gîtes de charbon qui se présentent dans la partie supérieure sont ceux de Langeac, arrondissement de Brioude (département de la Haute-Loire), compris dans la concession de Mersange, sur la rive gauche de l'Allier.

Le bassin houiller le plus important, celui de Brassac, est situé aux confins des départemens de la Haute-Loire et du Puy-de-Dôme. Il s'étend sur les deux rives de l'Allier, et se divise en huit concessions, savoir : celles de Barthes, de la Taupe, de Mégecoste, de Grosménil, de Foudary (Haute-Loire), de Charbonnier, de Celles et Combelle (Puy-de-Dôme) et d'Armois (dépendant de ces deux départemens). Tout porte à croire, d'après des études récentes, que ce bassin se prolonge jusqu'à la chaine primordiale qui borde au sud la plaine de Brioude, et que la petite concession de la Motte, située près de cette ville, vient s'y rattacher.

Les charbons exploités dans le territoire du haut Allier sont de première qualité; ils rivalisent avec ceux de St-Etienne, et se maintiennent au même prix sur les marchés, où ils sont connus sous le nom de *charbons d'Auvergne.*

Le bassin du bas Allier existe au sud ouest de Moulins, dans la vallée, et au sommet de la Queune, sur le territoire des communes de Sauvigny, Noyant, Châtillon, Tronget, et du Montet-aux-Moines. Il porte le nom de Fins, et renferme cinq concessions, y compris celle de Noyant, instituée au commencement de 1837, et réunie par une compagnie financière aux charbonnages de Noyant et Sauvigny. Ces exploitations que les concessionnaires s'occupent de développer sur une grande échelle, vont être mises en communication directe avec l'Allier, au moyen de deux chemins de fer qui pourront se rattacher à celui de Nevers à Brassac.

Quant aux minerais de fer, c'est principalement dans la partie inférieure du bassin, cernée par les sommets des affluens de la Loire et du Cher, que l'on rencontre les premiers gîtes exploités par les forges du Bourbonnais et du Berry, et surtout de la partie du Nivernais voisine de l'embouchure de l'Allier, par celles d'Imphy, de Fourchambault, Guérigny, de la vallée de la Colâtre et de l'Abron, et par les fonderies de Nevers etc., qui forment en France le groupe le plus important des établissemens où s'opère en grand le travail du fer. Ainsi se trouvent à chaque extrémité du bassin, les foyers de production de ces deux substances dont l'abondance et le bas prix peuvent être considérés comme l'indice de la prospérité de l'industrie.

Les autres productions minérales sont : les mines de plomb et d'argent de la Haute-Loire, et surtout du Puy-de-Dôme; celles d'antimoine de ce département et de celui de l'Allier, où l'on trouve aussi des mines de manganèse; les alunites du Mont-Dore ; les schistes bitumineux et tripoli de Ménat (Puy-de-Dôme) ; les asphaltes de ce département et de celui de la Haute-Loire, dont l'exploitation reçoit en ce moment un développement qui promet de s'étendre encore, en raison des besoins nombreux d'une industrie nouvelle ; les terres réfractaires d'Auvergne dont s'approvisionnent même les établissemens de St-Etienne, etc. Les eaux minérales de la Haute-Loire, celles du Mont-Dore, de Châteauneuf, Châtel-Guyon, St-Myon, St-Nectaire, Châtel-guyon, etc., dans le Puy-de-Dôme ; de Vichy, Bourbon l'Archambault dans l'Allier, qui attirent chaque année un si grand nombre de voyageurs, ne doivent pas être passées sous silence.

Les matériaux de construction, élément de dépenses si fortes, pour les localités où l'absence s'en fait sentir, se rencontrent à chaque pas dans la vallée ; et lorsqu'un moyen de transport y sera établi, la répartition et l'échange de ces matériaux permettront d'obtenir une notable économie dans les constructions.

On distingue les grès et roches volcaniques de la Haute-Loire et du Puy-de-Dôme ; les granits qui s'exploitent dans les montagnes d'Auzat-sur-Allier, d'Issoire, de Montpeyroux et de Coudes, et que l'on exporte jusqu'à Paris depuis quelques années ; ceux de Chaptuzat et de Saint-Priest d'Andelot, et les carrières de laves de Volvic, d'un emploi général dans le pays où ils servent presque exclusivement à la construction des édifices, et même jusque dans le Bourbonnais. On doit citer encore les Pouzzolanes dont le sol volcanique de la Haute-Auvergne recèle des masses si considérables. On remarque dans les cantons de Jumeaux, d'Issoire, Veyre-Monton, Clermont, Lezoux, et Arlanc, un grand nombre de localités dont le calcaire est susceptible de donner une chaux hydraulique d'une grande énergie. Des terrains analogues se reproduisent dans la plupart des côteaux qui bordent l'Allier. La chaux s'exploite plus particulièrement dans la Limagne, et le plâtre sur le territoire des communes de Cournon et de Montpensier (Puy-de-Dôme.) On conçoit le degré d'importance que pourrait acquérir, dans l'intérêt général, l'exploitation en grand de ces matières qui forment la base des constructions hydrauliques.

Les produits de l'industrie minérallurgique et agricole qui entrent, pour la plus grande part, dans les exportations du bassin de l'Allier, sont d'abord les houilles, ensuite les vins et les fruits, qui, dans la question qui nous occupe, doivent être l'objet d'une attention particulière.

L'exploitation des houilles et le commerce des vins, furent long-temps la cause la plus puissante de la prospérité de l'Auvergne.

Il fut un temps, et ce temps n'est pas encore éloigné de nous, où les charbons de cette contrée étaient, avec ceux de Saint-Etienne, en possession de l'approvisionnement de la vallée de la Loire, et se partageaient les marchés de la capitale. Lorsque l'émulation industrielle s'empara de tous les esprits, que de grands établissemens se formèrent simultanément sur toute la France, la consommation de la houille s'accrut d'une manière prodigieuse. L'extraction de ce combustible s'accrut avec les besoins, et la Loire qui, en 1790, ne portait que 800 bateaux de charbon, vit leur nombre s'élever à plus de 4,000. Les exploitations d'Auvergne prirent part à ce mouvement, et l'Allier, en 1826, malgré les inconvéniens de sa navigation, ne transporta pas moins de 2,300 bateaux de ce combustible (1). L'exportation vers la capitale qui, en 1820, n'était que de 215,000 hectolitres, s'était élevée en moins de cinq ans à plus de 750,000.

La consommation générale s'est accrue, depuis cette époque, dans les mêmes rapports ; elle s'élevait :

En	1816 à......................	7,764,318 q. m.
En	1826 à......................	12,365,101
En	1835 à......................	19,822,025

Cependant l'exploitation des houilles d'Auvergne est restée stationnaire, et celle de Saint-Etienne n'est augmentée que d'un sixième.

En concurrence les uns avec les autres, avec ceux que le nord et le centre jettent maintenant, à moins de frais, et à des époques déterminées, sur les points de consommation créés par l'industrie, les produits de la Loire et de l'Allier supérieurs, écrasés par les lenteurs et les frais énormes d'une navigation précaire, par les tarifs encore onéreux, malgré leur réduction, des canaux de Briare et de Loing, par la rivalité des charbons étrangers, qui, à la faveur des tarifs, viennent envahir les marchés de la basse Loire, ne peuvent plus soutenir, que par des qualités qui leur sont propres, cette concurrence effrayante favorisée par les lignes de navigation faciles, commodes et peu coûteuses des canaux du Nord, de l'Oise, de la Seine et du canal de Bourgogne.

(1) Rapport de la chambre de commerce de Clermont.

On comprend donc comment les exportations des houilles d'Auvergne ont dû considérablement diminuer ; mais la consommation locale, malgré les fortes dépenses dont elle est grevée, a augmenté dans la même proportion. L'emploi de ce combustible si peu usité, il y a dix ans, dans la vallée de l'Allier, s'y répand de plus en plus, et ne tardera pas à devenir général, dans un pays qui n'est pas sans se ressentir de la rareté du bois de chauffage.

C'est autant à leur qualité supérieure, qu'à la facilité extrême de l'extraction, favorisée par l'affleurement des couches à la surface du sol, que les charbons de Saint-Etienne et d'Auvergne doivent de soutenir la concurrence des mines du Nord, sujettes aux ravages des eaux, et dont les puits d'une très grande profondeur augmentent considérablement les frais d'exploitation. Aussi, le prix moyen du revient qui, dans ces dernières, n'est pas moindre de 1 fr. par hectolitre, n'est-il que de 0 fr. 30 c. et 0 fr. 40 c. à Saint-Etienne.

Si les mines d'Auvergne, qui possèdent les mêmes avantages, sont réduites aujourd'hui à ne prendre dans la consommation générale qu'une part si faible, et si peu en rapport avec la production dont elles sont susceptibles, ne faut-il pas en chercher la cause dans le vice seul des voies de communications ? Que les obstacles cessent, et l'industrie houillère, étroitement liée aux progrès de l'industrie générale, et destinée à prendre part à l'avenir des chemins de fer en France, ne tardera pas à participer à tous les avantages que semblent se réserver pour elles seules quelques localités privilégiées, et à trouver, dans l'active exploitation de ses inépuisables richesses, un ample dédommagement des sacrifices que lui impose sa situation présente.

Le chemin de fer qu'on exécutera dans le bassin de l'Allier, abstraction faite de ses propres besoins sans cesse renaissans, facilitera sur presque tous les points le transport des charbons de terre du haut et bas Allier, interdits aujourd'hui par les frais de navigation, de roulage, etc., à tant de populations de la vallée ; et le prix élevé du combustible ne s'opposera plus à la formation de grands établissemens industriels sur des points où leur sont assurés tant d'élémens de succès.

Quant à l'industrie vignicole, les mêmes causes ont produit sur elle les mêmes effets que sur l'industrie houillère.

Il y a quinze ans, les vins d'Auvergne approvisionnaient Paris, et le commerce ne pouvait suffire à la consommation. La production prit un tel développement, qu'en moins de trente ans, elle avait augmenté d'un tiers. Mais pendant qu'elle s'efforçait encore de s'établir sur une échelle que semblait réclamer l'activité des demandes, une contrée plus heureuse voyait s'ouvrir des communications qui devaient l'enrichir au préjudice de celles dont jusqu'alors elle n'avait pu braver la concurrence. Le canal de Bourgogne s'exécuta, et les demandes se ralentirent. Aujourd'hui les vins d'Auvergne sont à peu près exclus des entrepôts de Paris. Ainsi, comme l'observe la chambre de commerce de Clermont, en 1815, il était passé sur le canal de Briare 2,500 pièces de vin jauge d'Auvergne de 32 hectolitres, et l'on évaluait à 5,000 le nombre de celles vendues dans le Bourbonnais. En 1825, au contraire, dix ans plus tard, sur 395,074 hectolitres récoltés dans le département du Puy-de-Dôme, il ne s'en est vendu que 44,659 dont 25,700 pour Paris, c'est-à-dire 800 pièces. Aujourd'hui l'exportation se réduit en majeure partie aux départemens limitrophes : la Creuse, la Corrèze, le Cantal, la Loire, l'Allier et la Nièvre.

C'est qu'en effet, comme le fait remarquer encore la chambre de commerce, les principaux embarquemens de vins sur l'Allier ont ordinairement lieu par les crues de novembre. « Chacun s'empresse de profiter d'une circonstance qui n'est que passagère; la précipitation fait renchérir souvent le prix des bateaux, des futailles et le salaire des mariniers. Les vins arrivent en quantité considérable au canal de Briare, où l'encombrement est tel qu'ils sont forcés d'y faire un long séjour. Leur arrivée simultanée au port de la Rapée fait naître une concurrence souvent préjudiciable aux vendeurs, et toujours aux propriétaires. »

Du moment où la concurrence a pu s'établir, elle a dû nécessairement être funeste aux exportations de l'Allier, grevées de frais de transport plus considérables ; comme les producteurs ne peuvent trouver, dans d'autres branches de l'industrie agricole, les moyens de conjurer leur perte, en suppléant au seul produit qui convienne à une partie du sol qu'ils possèdent, ils se voient menacés d'une ruine complète par cette concurrence qu'ils ne pourraient soutenir plus long-temps.

A ces causes si difficiles à détruire dans l'état actuel des communications, vient s'en joindre une autre qui agit d'une manière non moins défavorable sur le commerce et l'exportation des vins.

Le Bourbonnais fournit une grande quantité de bois merrains qui s'exportent par le roulage vers Paris, le Puy-de-Dôme et la Haute-Loire, qui n'en produisent pas assez pour leur consommation et qui sont souvent dans la nécessité de faire revenir de Paris les envois qu'ils ont faits. Quand on est réduit à charrier du bois à cent lieues, il est évident qu'il y a disette extrême ; aussi voyons-nous, disait, en 1827, la chambre de commerce de Clermont, que le contenant équivaut à la valeur des trois quarts du contenu.

« Qu'on ne vienne donc point attribuer la difficulté des ventes à l'infériorité des qualités, disait en 1835, M. A. Lamothe, au sujet de l'influence de la nouvelle loi de douanes sur l'agriculture des départemens du centre. C'est une objection sans mérite et sans force, car il est reconnu que les vins d'Auvergne sont supérieurs aux qualités inférieures de Bourgogne et de Bordeaux, et sont bien plus estimés pour les coupages. D'ailleurs, il est constant qu'ils trouvaient auparavant des débouchés faciles, et la seule raison pour laquelle ils n'en trouvent presque plus aujourd'hui, c'est que le manque de communications s'y oppose, malgré les sacrifices que les propriétaires offrent de faire encore pour écouler les récoltes de plusieurs années. »

Pourquoi le chemin de fer ne pourrait-il pas réaliser, pour l'industrie vignicole, les mêmes avantages que doit en retirer l'industrie houillère? à l'aide d'un tarif modéré, d'une communication prompte et facile, qui ferait cesser bien des inconvéniens et des obstacles, les vins d'Auvergne trouveraient les moyens d'augmenter leurs débouchés dans les contrées limitrophes qu'il approvisionnent aujourd'hui ; et « quant aux exportations plus lointaines, les spéculateurs, ne voyant plus leurs expéditions subordonnées à une cruelle périodicité, pourraient trouver une voie plus libre et permanente de tenter la fortune (1). »

Au nombre des denrées d'exportation du bassin de l'Allier, il en est d'autres encore qui méritent de fixer l'attention, parce qu'elles forment une des branches les plus importantes du commerce du pays, et que, tout autant que celles qui précèdent, elles réclament le perfectionnement des voies de transport.

Les fruits de la Limagne sont l'objet d'une grande exportation pour l'approvisionnement de la capitale. « Les marchands viennent chaque année en » faire l'achat sur les lieux ; il en est même qui tiennent en ferme plusieurs

(1) Rapport de la chambre de commerce de Clermont.

» vergers de la plaine. Mais soit qu'ils achètent partiellement, soit qu'ils ré-
» coltent, ils ne livrent à l'exportation, par la rivière, que les premières
» qualités, tant ils sont intimidés dans leurs spéculations par les grandes
» chances qu'ils ont à courir.

» On cueille les fruits dans le courant d'octobre, époque où la navigation
» est rarement possible ; il faut donc attendre, pour les embarquer, les crues
» de la fin de l'automne, qui souvent n'arrivent qu'en décembre, saison dan-
» gereuse pour faire voyager les fruits ; aussi les marchands ont-ils éprouvé
» quelquefois des pertes plus ou moins considérables. S'ils pouvaient choisir
» le moment favorable pour faire leurs expéditions, au lieu de borner leurs
» achats à trente ou quarante bateaux, ils en enverraient plus d'un tiers en
» sus. »

Les récoltes en blé, dans l'Auvergne et la partie méridionale du Bourbonnais, excèdent annuellement la consommation. C'est en le convertissant en
farines que l'on en trouve facilement le débouché. Le département du Puy-
de-Dôme, pourvu de sources abondantes, de chutes puissantes, l'une de ces
richesses qui ne s'épuisent pas, et dont la nature a si richement doté cette
contrée, voit chaque année apporter sur ses marchés les blés du Bourbonnais, dont les envois ont lieu par le roulage, et, la plupart du temps, les
retours, parce que l'Allier n'est presque jamais navigable de mai en septem-
bre, époque à laquelle la rareté des farines se fait sentir dans les départemens voisins. Cette nécessité, qui augmente le prix de la chose, réduit par
conséquent le nombre des demandes. Avec le secours d'un chemin de fer,
on pourrait opérer les transports en tout temps, à un prix moitié moindre,
et le débit deviendrait considérable. Cet avantage se ferait également sentir sur
un autre genre d'industrie les pâtes, dites de Gênes, dont la fabrication a
pris à Clermont depuis quelques années, un très grand développement.

L'Auvergne produit une grande quantité de fourrages dont elle approvi-
sionne le Bourbonnais. Lorsque les pluies printannières sont rares, il arrive
souvent de voir, dans cette dernière province, le prix du foin s'élever à 8 fr.
les cent kilogrammes, tandis qu'il n'est qu'à 5 fr. dans la première. Les deux
contrées trouveraient donc un avantage réel dans l'exportation plus facile et
moins coûteuse de l'excédant des récoltes.

On exporterait encore, avec économie, et dès lors en plus grande quantité,
les chanvres de la Limagne, dont une partie est convertie en cordages, aux-

quels les expériences faites dans les corderies de la marine assurent une grande préférence ; les cuirs et pelleteries, dont il se fait des achats très-considérables, surtout pour le nord et le nord-est, aux quatre foires principales de Clermont, l'un des plus grands entrepôts de France pour ce genre de marchandises ; les bois ouvrables que le Puy-de-Dôme et la Haute-Loire expédient à Paris, Nantes, etc., pour la menuiserie et l'ébénisterie ; les fromages du Cantal et du Mont-Dore, principal produit des montagnes, qui se transportent du poids de ville de Clermont sur Moulins, par le roulage, et qui se vendent trop souvent à vil prix, par suite de la difficulté et des frais du transport.

Enfin, toutes les matières premières et les objets manufacturés trouveraient un moyen d'exportation qui leur permettrait de soutenir la concurrence avec avantage.

La race bovine, et l'élève des bêtes à laine sont, pour les montagnes, la source d'un commerce très-étendu. La Limagne exporte également un grand nombre de bestiaux engraissés dans ses pâturages. Les frais de conduite et de nourriture nécessitent des dépenses notables, qui seraient de beaucoup réduites par un chemin de fer ; la célérité du transport préviendrait aussi la perte notable qui résulte des maladies et de la mortalité causées par l'extrême fatigue des bestiaux.

Les productions de l'industrie manufacturière, dont les mêmes causes ont empêché le développement, malgré l'abondance et le bas prix des matières premières, sont : les papiers d'Ambert, de Thiers, de Saint-Amand-Tallande, de Chamaillères près Clermont, connus sous le nom de papiers d'Auvergne, et ceux du Bourbonnais ; la taillanderie si renommée de Moulins; les chandelles de Thiers et de Clermont; les merceries, les tanneries, les étamines à pavillon d'Ambert, etc., etc., qui emploient un grand nombre de bras ; enfin d'autres produits manufacturés pour la consommation locale, et dont les échanges se font entre les divers départemens limitrophes.

Quant aux importations, dont le prix est si élevé qu'il réduit la consommation au strict nécessaire, elles trouveraient sur les prix actuels du roulage, seule voie dont elles puissent se servir aujourd'hui, une immense économie qui tournerait au profit du consommateur, dont elle augmenterait l'aisance et diminuerait les sacrifices ; du producteur et du négociant, dont elle multiplierait le travail et les transactions.

Les denrées qui composent la masse des importations sont : les fers, les fontes, les tôles et autres produits métallurgiques tirés des usines du Berry, du Bourbonnais et du Nivernais ; les sels, si indispensables en Auvergne, à cause de sa grande population et de ses nombreux troupeaux ; les charbons de bois ; les chiffons du Poitou, du Berry, du Nivernais et du Mâconnais, destinés aux papeteries d'Ambert et de Thiers ; les poissons salés, objet considérable de commerce en Auvergne, et dont Clermont est l'entrepôt pour les départemens de la Lozère et de la Haute-Loire ; les huiles de poisson du Nord, dont les établissemens de Maringues, Thiers, Ambert et Saint-Flour font une grande consommation ; celles de colza et d'œillet ; l'ocre et le blanc d'Espagne ; les bois de teinture, ceux d'ébène et d'acajou, et les denrées coloniales fournies par les ports du Hâvre et de Nantes ; les meubles, porcelaines, verreries et autres objets de l'industrie de luxe de la capitale, et d'autres articles qui échappent à l'énumération.

En portant sur chaque objet d'exportation ou d'importation une attention toute particulière, la Compagnie a compris la nécessité d'établir pour les marchandises qui suivent actuellement la voie de la rivière une grande modération de tarif ; de telle sorte qu'à un prix inférieur ou tout au plus égal à ceux qui existent, le chemin de fer puisse offrir l'avantage de la régularité et de la célérité, qui est véritablement une économie, puisqu'en rapprochant les distances, elle rétablit l'équilibre et permet de soutenir la concurrence.

Quant aux marchandises que transporte le roulage, elles trouveraient, soit à la descente, soit à la remonte, une grande diminution sur les frais qu'elles subissent aujourd'hui, et qui sont le plus grand obstacle au développement de la consommation, puisqu'on ne peut exporter les matières premières que l'on possède et les produits que l'on a fabriqués, ni recourir pour ce qui manque, à ses voisins, quand ils souffrent peut-être d'un superflu qui les embarrasse ou les ruine.

« Pour se prémunir contre la mévente dans sa localité, pour faciliter
» nos échanges, multiplier nos rapports, s'assurer des débouchés, il nous
» faut des canaux ou des *chemins de fer*, a dit la chambre de commerce
» de Clermont, dans son rapport qu'elle a réimprimé récemment, comme
» un dernier appel à l'esprit d'association. »

Cela est dit avec raison ; car la consommation étant la fin de la production, et la circulation à la fois le moyen de faire produire et de faire consommer, la production doit être nécessairement stérile, lorsqu'elle s'établit sur un lieu qui manque de moyens de transports, parce qu'elle ne peut ni aller chercher, ni faire venir le consommateur.

Sans communications, l'agriculture reste languissante; le commerce qui vit des échanges, et l'industrie qui n'a d'autre but que de multiplier les produits, manquent des ressources indispensables à leur prospérité.

Quand les produits du sol ne trouvent pas de débouchés, la propriété diminue de valeur, et cette dépréciation s'accroît nécessairement en raison des difficultés qui s'opposent à leur écoulement. Comme on ne peut se laisser mourir de besoin au sein de la richesse, il faut vendre ce que l'on a produit, et pour cela le livrer aux prix qui s'établissent par la concurrence; et quand cette concurrence s'établit sur des marchés éloignés des lieux de la production on comprend que l'avantage demeure au pays le mieux favorisé; de sorte que l'on peut dire que la valeur de la propriété se trouve réduite dans la proportion de l'économie du transport acquise aux contrées qui jouissent de voies de communication plus faciles et plus économiques.

C'est ainsi que les départemens que traverse l'Allier succombent sous un engorgement de produits et meurent pour ainsi dire de pléthore.

Mais, comme encore il faut non seulement vivre, mais de plus satisfaire aux charges publiques qui pèsent de tout leur poids sur les localités en faveur desquelles on n'a rien fait, on se trouve réduit par la mévente, qui empêche de rentrer dans les avances que nécessitent les frais d'exploitation, à la triste nécessité d'altérer le capital que forme le fonds même de la propriété. Ainsi dans quelques départemens du centre, dans la Haute-Loire, le Puy-de-Dôme, obligés de soutenir une lutte si désavantageuse, les inscriptions hypothécaires, ces signes représentatifs d'un malaise réel, s'élèvent à des sommes considérables qui affectent la valeur de la propriété.

Que s'ensuit-il encore? C'est que l'industrie qui ne peut se développer dans un pays sans débouchés, n'offrant actuellement qu'un secours insuffisant à la masse des besoins, l'habitant quitte le sol pour aller chercher l'industrie. C'est ainsi, que chaque année, la haute montagne d'Auvergne, privée des élémens du travail, rejette de son sein une partie de sa population, ces hommes robustes et laborieux, qui vont porter par toute la France, avec l'exemple de la probité, le secours de leurs bras.

Jetez maintenant les yeux sur les contrées plus heureuses, en faveur desquelles on a créé dans ces derniers temps des moyens de communication que la vallée de l'Allier réclame depuis si long-temps, et voyez si les changemens qui se sont opérés subitement n'ont pas confirmé les pensées d'avenir que les esprits en avaient pressenti; dites si ce qui est ressemble à ce qui était.

Il ne faut donc pas, dans la question qui nous occupe, juger de l'avenir par le présent; il faut comprendre que c'est une révolution qui se prépare, et sentir quels immenses résultats peut réaliser un chemin de fer, dans une contrée qui possède de merveilleuses richesses, et dont cependant les élémens de production seraient bientôt, à défaut de moyens de communication, frappés d'une stérilité qui la ferait rétrograder au niveau du Portugal et de l'Espagne, et de tous les pays où le sol est sans culture et sans valeur. Car, en industrie, quand tout avance autour de soi; ne pas avancer c'est reculer, et reculer, c'est marcher rapidement vers sa perte dans un temps où rien ne se fait à demi.

Il nous reste encore à faire pressentir les résultats d'un chemin de fer en ce qui concerne la circulation des personnes.

Calculez, s'il se peut, ce que deviendra l'Auvergne quand il ne faudra plus, pour aller de Paris à Clermont, passer en route deux jours et trois nuits, c'est-à-dire faire moins de deux lieues à l'heure, comme il y a trente ans; que le trajet pourra s'effectuer en moins d'un jour, car il est indubitable que l'exécution de l'entreprise qui nous occupe déterminera le complément nécessaire entre Nevers et Orléans, dont une compagnie fait faire en ce moment les études; que l'on ne sera plus astreint, comme aujourd'hui, à perdre au moins trente-six heures pour une affaire qui vous appelle un instant à vingt-quatre lieues, comme de Moulins à Clermont, où il n'existe pas de service qui utilise le temps du sommeil.

A une époque où toutes les facultés sont dépensées à accroître sa fortune et son bien-être, la rapidité du transport est devenue l'un des premiers besoins, l'une des jouissances les plus précieuses de la société, à tel point que cette célérité pourrait être prise pour la mesure de la civilisation. C'est à cette condition que les rapports des hommes entre eux, que les opérations, les entreprises de toute nature, sont redevables de ce développement inattendu, que l'application de la vapeur à la locomotion tend encore à accroître.

Jamais le temps ne fut mieux apprécié qu'aujourd'hui ; c'est une valeur qui entre dans tous les calculs des spéculateurs, parce qu'on sent que c'est un des élémens principaux de la production et de la distribution des richesses, et qu'une perte de temps est, en définitive, une perte d'argent.

Des transports assurés, sans avaries et sans retards, par conséquent des rentrées plus promptes, et une diminution considérable d'intérêts des capitaux engagés dans les marchandises livrées à la circulation par le commerce; l'augmentation des produits; le développement des industries existantes, et la création d'industries nouvelles, auxquelles on n'eût osé songer dans un pays sans débouchés ; le bien-être et l'aisance répartis entre toutes les classes par la facilité et la multiplicité du travail ; la mise en valeur de la propriété et de tant de cultures appropriées aux besoins nouveaux ; le rapprochement de tant de villes populeuses et commerçantes, liées entre elles par des relations si actives et si variées ; les habitudes et les idiomes généralisés par la facilité et la promptitude des communications, et par dessus tout l'économie du temps ; tels sont les résultats que produirait aussitôt l'ouverture d'une ligne qui, rattachée à celle de Paris à Orléans, mettrait Nevers, Moulins et Clermont aux portes de la capitale, et féconderait toutes les sources de la richesse dans un pays si éminemment favorisé par la nature.

Un chemin de fer est donc pour le bassin de l'Allier le moyen le plus avantageux, le seul pour l'Auvergne, de compléter chez elle l'œuvre de la civilisation, et de s'associer au mouvement général dont profitent les contrées qui, à proximité des grandes lignes de communication, trouvent dans ces moyens puissans de transport *utilité, célérité* et *économie.*

CHAPITRE PREMIER.

—

La rivière d'Allier, seule voie navigable du bassin auquel on a donné son nom, prend naissance dans la forêt de Mercoire (département de la Lozère), au pied des montagnes qui forment la chaîne des Cevennes, des monts Garriques et des Margerides, faîte de séparation des bassins de la Loire, du Rhône, de l'Hérault et de la Garonne.

L'Allier commence à être flottable en trains au village de St-Arcons (Haute-Loire), et navigable au port de Brassaget, commune de Brassac (Puy-de-Dôme, à la limite de ces deux départemens.

D'après le tableau des distances dressé pour la perception des nouveaux droits de navigation, en conformité de la loi du 9 juillet 1836, l'étendue des parties flottables et navigables comprend : la première 11 distances, et la seconde 41 (1).

L'Allier n'est pas navigable de son propre fonds ; il faut, pour entrer en rivière, attendre que les pluies et la fonte des neiges aient produit le volume d'eau nécessaire aux besoins de la navigation, et que les mariniers fassent prompte diligence dans leurs manœuvres, afin d'éviter une baisse subite qui

(1) Flottage de Saint-Arcons à Brassac........	Puy-de-Dôme.:	3,000	55,000	
	Haute-Loire...	52,000		
— de Brassac à Pont-du-Château......	idem...........	55,500	55,500	
— de Pont-du-Château à Vichy.......	idem	30,000	45,000	
	Allier.	15,000		
— de Vichy à Moulins...............	idem......... .	55,000	107,500	
— de Moulins au Bec-d'Allier........	idem..........	52,500		
		Total....	208,000	

les retarderait dans leur marche, et les forcerait d'attendre une crue nouvelle qui pourrait n'être pas sans dangers.

L'une des plus fortes crues dont les ports de l'Allier aient gardé le souvenir est celle de 1754 qui s'éleva au pont de Moulins à plus de 21 pieds. Celle de 1835 ne fut pas moins terrible : le pont de Parentignat près d'Issoire, dont les culées, construites en pierres granitiques, paraîtraient devoir résister à tous les efforts, fut affouillé par la violence des eaux à plus de 12 pieds de profondeur; les levées qui en forment les abords, les ports, les magasins, les villages de Brassaget, Coudes, et plusieurs autres, furent menacés d'une entière destruction.

La pente de l'Allier, réduite à une moyenne de $0^m.00157$ par mètre, est tellement irrégulière, que dans plusieurs endroits, et surtout dans la partie supérieure où l'on rencontre des défilés formés par des masses de rochers, cette pente dépasse trois millimètres. Aussi la remonte est-elle impraticable ; ce qui oblige à effectuer par terre celle des ancres, commandes et agrès ; la descente elle-même est tellement dangereuse entre Brassac et Moulins, que l'on peut évaluer à un douzième les pertes qu'éprouvent les expéditeurs.

Les eaux les plus favorables sont celles qui varient de $0^m.50^c.$ à $0^m.65^c.$, et rarement elles se maintiennent plusieurs jours de suite.

Ce n'est que lorsque les pluies, sans être abondantes, sont continues, et que les crues sont lentes et tranquilles, qu'il est permis de tenter les hasards de la navigation. Mais à qui connaît le climat d'Auvergne, il est facile de concevoir que cet état ne se reproduit qu'à des époques bien souvent éloignées. Ce n'est la plupart du temps qu'en hiver qu'on peut livrer à la navigation les chargemens de vins, de fruits et autres marchandises que les intempéries d'une saison, toujours rigoureuse dans cette contrée, peuvent détruire entièrement.

Dans les temps de sécheresse, la navigation devient impossible, et l'on a vu cet état se prolonger pendant une année entière, comme en 1825, où la baisse des eaux fut telle que 700 bateaux de charbon purent à peine prendre voie sur la rivière : tandis que l'année suivante, les crues ayant été de longue durée, le nombre des bateaux employés au transport de ce combustible s'éleva à plus de 1,800.

Tel est le régime de l'Allier dont les inconvéniens, joints aux obstacles que présente , sur beaucoup de points, le lit même de la rivière , ne permettent, à des époques indéterminées, qu'une navigation pénible et précaire.

Ainsi les crues seules peuvent faciliter le transport ; trop faibles', elles ne fournissent aux bateaux qu'un tirant d'eau insuffisant ; trop fortes, elles sont une source de difficultés , et une cause de périls. Aussi dans l'année peut-on à peine compter quarante jours de navigation effective.

Les bateaux qui naviguent sur l'Allier se divisent en quatre classes , suivant leurs dimensions ; savoir :

Ceux de 1re classe, dits sapinières, ou auver-
gnates ont........   23^m de long^r. et 4^m de larg^r.
2e —   Recettes...............   15 3
3e —   Gabarres .... 10 à 12 .... 2.50
4e —   Toues ou Bachots ....   8 .... 1 50

Les trois dernières espèces de bateaux , principalement affectés aux transports, à courte distance, portent, à charge moyenne, 15,000 k. , 12,000 k. et 2,000 k. Leur nombre ne s'élève pas à plus de 108, terme moyen, par an , dans lesquels ceux de la 2e classe entrent pour 70.

Les bateaux de première classe, par lesquels s'opèrent presque exclusivement les exportations, jaugent, à charge complète, 56,000 k. , avec une tenue d'eau de 0^m,84^c. Mais la rivière n'offrant jamais cette élévation constante , on est dans la nécessité de réduire la charge à 25,000 kil. au plus. Dans la partie supérieure, entre Brassac et Pont-du-Château, elle ne peut dépasser 24,000 k. et le plus souvent 15 à 20,000 k. ; le chargement s'augmente au fur et à mesure du voyage. Entre Moulins et le Bec d'Allier, il est , en moyenne, de 25,000 k., et au maximum de 40,000 k.

Le transport de 50 tonnes de marchandises, qu'un seul bateau de cette espèce pourrait porter sur une rivière d'un régime plus tranquille et moins capricieux, se répartit sur deux ; encore est-il des années où l'on est obligé d'en employer trois. La conduite de ces deux bateaux , depuis Brassac jusqu'à Pont-du-Château, exige le service de dix mariniers ; de là aux limites du département, il en faut six , et quatre de ce dernier point jusqu'au Bec d'Allier et jusqu'à Briare. A l'entrée du canal , le chargement des deux bateaux est reporté sur un seul. Celui qui est devenu inutile est vendu pour être dépecé, comme le second doit l'être au port de débarquement.

Ce reste d'un état de barbarie, ce vice irrémédiable de la navigation de l'Allier et de quelques autres rivières navigables, est un de ceux qui attestent le plus hautement l'imperfection de nos communications par eau, et qui apportent nécessairement le plus d'entraves à la diminution des frais de transport.

Ces frais qui diminuent d'autant la valeur de l'objet transporté, sont tels sur l'Allier qu'il en coûte, sauf les droits de navigation, presque autant pour aller de Brassac à Moulins, que pour conduire jusqu'à Paris. La houille se vend à Clermont, c'est à dire à 12 lieues de la mine, 35 fr. la voie de 15 hectolitres, et 55 fr. rendue à Paris, à 137 lieues plus loin.

Les frais de transport de 50 tonnes de marchandises, de Brassac au Bec d'Allier, ont été évalués, par la chambre de commerce de Clermont, de la manière suivante, sauf les droits de navigation auxquels nous avons substitué ceux fixés par le tarif actuel; et ces renseignemens concordent avec ceux qui nous ont été donnés dans ces derniers temps.

Achats de deux bateaux à 500 fr. l'un. . . . . 1,000 fr.

Frais de conduite, salaire des mariniers, renforceurs, etc. . .   320

Droits de navigation à 0 fr. 0175 par tonne et par distance, soit sur 41 distances, y compris le décime.   39

                          Total. 1,359

Dont à déduire pour vente de deux bateaux, l'un à Briare, l'autre à Paris.   400

Reste, non compris les pertes et avaries, que l'on ne peut évaluer à moins de 1/15..   959

Soit par tonne 19 fr. 18, ou par tonne et par distance 0 fr. 461. Du Bec d'Allier jusqu'à Paris, il faut compter pour droit de navigation 8 fr. 50 et pour frêt de 5 fr. 60 à 6 fr., soit 14 fr., ou en totalité de Brassac à Paris 33 fr. 18, auxquels il faut ajouter les frais de chargement et de déchargement, de passage aux ponts, etc.; c'est à dire que, pour la houille, par exemple, le prix de la matière se trouve décuplé par le transport.

Construits pour la plupart dans les chantiers de Coujac, Brioude, Brassac, Jumeaux et les ports du Haut Allier, les bateaux restent souvent plusieurs mois exposés sur la grève avec leur chargement avant de pouvoir entrer en rivière. Les crues dont ils profitent se prolongeant rarement, il arrive souvent qu'au tiers ou au quart de leur marche, ils sont forcés de rester encore en stationnement, soumis à des frais de garde, jetage en mer et réparations, exposant les transports à des risques et à des avaries qui augmentent la valeur vénale des denrées. Tantôt c'est dans l'Allier, tantôt c'est en Loire, que la baisse ou la trop grande élévation des eaux vient les surprendre ; d'autres fois, ce sont des débacles terribles, ou les vents violens du Nord qui, pendant des saisons entières, créent de nouveaux obstacles à la navigation. Aussi, n'est-il pas rare de voir les équipes, après avoir attendu fort long-temps une tenue d'eau favorable, n'arriver au canal de Briare qu'au moment où il est en chômage par les réparations ou par les glaces, et ne parvenir à destination qu'après plusieurs mois de trajet.

Dans les circonstances ordinaires, la durée du voyage d'un mois environ, terme moyen, se répartit ainsi :

Entre Brassac et le Bec d'Allier.	25 jours.
Entre le Bec d'Allier et Briare.	2
De Briare à Paris.	7
Total.	34 jours.

Les bateaux de l'Allier sont d'une construction légère, n'étant assujettis, comme ceux de la Haute-Loire, qu'au seul voyage qu'ils puissent effectuer. Aussi les forêts où s'opère l'abattage des bois nécessaires à tant de constructions de si courte durée, bientôt épuisées, ne tarderont-elles pas à disparaître.

La chambre de commerce de Clermont, pénétrée de la nécessité de réduire la consommation du bois de marine, n'hésitait pas à déclarer, dès 1827, que la pénurie s'en faisait déjà sentir, et que les renseignemens qu'elle s'était procurés donnaient la triste certitude que dans trente ans il n'en existerait plus.

Les bois dont on fait usage pour la construction des bateaux de la Haute-Loire et de l'Allier sont tirés des forêts de sapins situées aux environs de la Chaise-Dieu, au sommet des montagnes qui séparent ces deux rivières.

Il part chaque année, des chantiers de Saint-Just, Saint-Rambert, et des ports supérieurs de la Loire, près de 5,000 bateaux. L'Allier n'en expédie plus que environ 1,600. Comme il entre dix sapins dans la construction de chacun d'eux, on voit, chaque année, environ 70,000 sapins disparaître de la contrée. Ce n'est plus que très loin dans les terres qu'on peut trouver des bois dont le prix deviendra de jour en jour plus élevé par l'épuisement des forêts et par la longueur des transports sur des chemins souvent impraticables. Les variations que l'on remarque depuis quelques années, dans le prix de tant de bateaux qui ne remontent jamais ni l'une ni l'autre de ces deux rivières, sont une preuve évidente d'une dévastation désespérante et l'avant-coureur d'une prochaine et complète pénurie.

Ce dépeuplement des forêts riveraines n'est-il pas une des causes qui agissent le plus puissamment sur la diminution des eaux et le régime de l'Allier?

La rivière d'Allier, comme nous venons de le démontrer, n'étant, pour l'écoulement des produits, qu'un moyen de débouché toujours insuffisant, souvent impossible, et ne permettant pas l'importation en remonte, les échanges ne peuvent avoir lieu que par la voie de terre à laquelle il est encore nécessaire de recourir pour l'exportation, lorsque la navigation devient impraticable.

La seule route par laquelle le mouvement commercial puisse s'opérer dans le sens de la rivière est la route de Paris à Perpignan, qui s'embranche, à Moulins, sur la route royale nº 7 de Paris à Lyon et à Marseille.

Cette route, qui, par ses importantes ramifications, dessert les villes et les ports commerçans de la Provence et du Languedoc, et par laquelle s'opère le transit du midi au nord, se trouve, comme toutes celles que d'anciennes relations ont tracées dans les montagnes, assujétie dans la traversée de l'Allier, et surtout du Puy-de-Dôme et de la Haute-Loire, ainsi que dans les départemens plus éloignés, à des montées et des descentes continuelles, et à des rampes extrêmement rapides, qui, comme à Aubières, Coudes, St-Yvoine, Lempde, etc., etc., dépassent 8, 10, 12 et 15 centimètres par mètre.

Ouvertes dans un temps où l'art de l'ingénieur était encore dans l'enfance, les routes anciennes ne se trouvaient pas subordonnées, dans leur tracé, aux conditions auxquelles il est si important de satisfaire. Aujourd'hui que les circonstances et les habitudes sont changées, que la vitesse est devenue, surtout pour les voyageurs, une des premières nécessités du transport, on s'attache plus particulièrement à obtenir des lignes de niveau et des rampes douces, qui, en facilitant la marche, dispensent le commerce des frais onéreux des renforts.

C'est dans ce double but que l'on s'applique à la rectification des anciennes côtes, que l'on a fait étudier le projet de redressement de celles de Lempde, et que l'on a dressé les projets d'une nouvelle partie de route qui, sur la rive gauche de l'Allier, depuis Coudes jusqu'au delà de St-Yvoine, éviterait cette succession de rampes nombreuses et rapides que présente, entre ces deux points, la route de Paris à Perpignan.

« Il y a peu de départemens, dit M. l'ingénieur en chef du Puy-de-Dôme,
» dans son rapport au conseil général, aussi entrecoupé de faîtes élevés, de
» profondes vallées, et où la construction primitive des routes destinées à les
» franchir ait été aussi imparfaite. Les nombreuses corrections qu'elles exi-
» gent doivent correspondre aux résultats auxquels l'expérience et le calcul
» ont fait parvenir, pour fixer les limites des pentes et autres dispositions
» propres à affranchir le roulage des pertes que lui fait éprouver le tracé
» vicieux des communications. »

Les frais de transport d'une tonne de marchandises s'élèvent, entre Nevers et Clermont :

Par le roulage ordinaire, de 37 à 40 fr. soit ... 1 fr. 5 c. par lieue.
—   —   accéléré.... 87 à 90   ...... 2 — 30
Par les diligences....... 100 à 105   .... 2 — 70

Ces prix sont les mêmes, à très peu près, que sur les routes de Paris à Rouen, et de Paris à Orléans, où les difficultés du transport sont moindres : cela tient à la grande concurrence qui a lieu sur la route de Clermont.

Ainsi : d'un côté, navigation impossible à la remonte, intermittente, pénible et souvent dangereuse à la descente ; de l'autre, frais énormes de transport. Tels sont les seuls moyens de débouchés que possède une des contrées les plus peuplées et les plus riches de la France, pour l'exportation et l'échange de ses produits que rend si nécessaires aux besoins de l'époque, l'immense développement de toutes les forces productrices, commerciales et indus- trielles.

CHAPITRE II.

—

L'insuffisance et l'imperfection des communications actuelles dans le bassin de l'Allier étant clairement démontrées, il ne s'agit plus que de rechercher
le moyen le plus convenable à employer pour satisfaire aux besoins et aux
vœux du pays.

Nous avons dit qu'il avait été reconnu qu'un canal de dérivation était seul
susceptible de suppléer à la navigation de l'Allier, qui, par la constitution
de son fonds, par les dispositions de ses rives et surtout par le régime de
ses eaux, s'oppose à un système de perfectionnement complet en lit de
rivière.

Le point d'origine du canal avait été fixé près de l'embouchure de l'Alagnon à 3,000 mètres au-dessous de la limite de la Haute-Loire. A partir de
ce point, le tracé suivait la rive gauche de l'Allier jusque près du château de
Gondole, à une lieue environ en aval du confluent de la Monne, près des
Martres de Veyre; se détournait à l'ouest pour passer entre Clermont et
Montferrand; à gauche de Riom, en cotoyant la plaine qui fait partie de
celle de la Limagne ; ensuite, près d'Aigueperse et à l'est de Gannat, et pénétrait ensuite au-dessous du Mayet d'Ecole dans la vallée de la Sioule dont il suivait la rive droite jusqu'à son embouchure , en passant près de Saint-Pourçain.
Après avoir franchi cette rivière, le canal était tracé le long des côteaux qui
bordent la vallée jusqu'au Bec d'Allier, où il se rattachait au canal latéral à la
Loire en aval du pont aqueduc.

Le développement de ce canal, plus long environ de 15,000 mètres que
le cours de la rivière, était de 220 kilomètres; la dépense en était évaluée à

4

34 millions. Mais pour que les produits de l'entreprise fussent en rapport avec cette dépense, l'auteur du projet proposait de réduire les dimensions du canal, projeté en grande section, et d'adopter celles du canal de Berry, c'est-à-dire de ne donner aux écluses que 2^m60c. environ de largeur, et de substituer à la partie supérieure tracée dans les gorges étroites et escarpées qui resserrent l'Allier, un chemin de fer à une seule voie spécialement destiné aux exploitations du bassin houiller de Brassac. Dans cette dernière hypothèse, la dépense ne s'élevait plus qu'à dix-sept millions, y compris 1,800,000 pour l'établissement du chemin de fer, et de plus l'intérêt des fonds.

Avant tout, il faut observer, quant à la réduction des dimensions des écluses dont l'essai, à l'exemple de l'Angleterre, venait d'être tenté sur le canal du Berry, que l'expérience a pris soin de justifier les objections que cette imitation avait soulevées dès le principe, sur les inconvéniens que présente au commerce une ligne de navigation d'un pareil développement, qui ne serait pas en harmonie avec les autres, et s'opposerait plus tard à sa liaison avec le système général des voies navigables. On ne disconviendrait donc plus aujourd'hui que les canaux en petite section ne peuvent recevoir leur application que dans un intérêt purement local, pour le transport de marchandises qui n'auraient pas de grandes distances à franchir, et qui se borneraient à l'approvisionnement d'un point rapproché de consommation. Ce ne serait donc pas le cas d'en faire l'application à une ligne dont une partie doit un jour se lier à celle de Bordeaux à Lyon, etc., et recevoir les bateaux de la Loire, ou verser dans ce fleuve et dans les canaux qui assurent sa communication avec les autres bassins les bateaux de grande dimension, affectés, dans l'état actuel, aux transports d'exportation de l'Allier.

Dans un ouvrage récemment publié, sur l'*Influence des voies de communication sur la prospérité industrielle de la France*, que distinguent des vues élevées d'économie publique, l'auteur (M. le comte l'illet-Whil), jetant un coup d'œil rapide sur l'état actuel de la navigation de l'Allier et sur les améliorations indispensables qu'elle réclame, propose, comme moyen plus facile et moins dispendieux :

« 1° De dériver la rivière seulement vers Coudes, et, en dirigeant toujours » le canal près Clermont, de rentrer dans l'Allier au dessous du confluent » de la Dore, pour n'avoir que quinze lieues de longueur;

» 2° Ou de se borner à ouvrir un canal qui mettrait Clermont en commu-
» nication avec l'Allier, en suivant, à partir de cette ville, le même tracé
» que dans la précédente hypothèse, et de l'alimenter au moyen des *belles*
» *eaux de Royat*, d'un volume plus que suffisant pour répondre aux besoins
» de la navigation la plus prospère. Alors ce canal n'aurait que dix à douze
» lieues de développement, et il pourrait être d'environ vingt-quatre, si on
» voulait le poursuivre de manière à gagner l'Allier au confluent de la
» Sioule. »

La question se réduit donc, dans la première hypothèse, à distraire du projet primitif la partie supérieure du canal entre l'embouchure de l'Alagnon et Coudes, et la partie inférieure entre le confluent de la Dore et le Bec d'Allier ; et dans la seconde, en laissant tout l'Allier supérieur jusqu'à la Dore ou la Sioule dans les conditions déplorables où il se trouve aujourd'hui, d'ouvrir entre l'un de ces deux points et Clermont un canal spécialement destiné à l'approvisionnement et aux débouchés de cette ville et de la contrée environnante, sans se servir pour l'alimenter, des moyens plus certains que pourraient offrir les eaux de la rivière.

Il est facile de comprendre, sans mûr examen, combien peu la meilleure de ces deux combinaisons, par laquelle on ne peut que très-limitativement remplacer la navigation de l'Allier, serait susceptible de satisfaire aux intérêts de la localité. Evidemment, un canal, qui n'aurait d'autre but que de faciliter les relations commerciales de la ville de Clermont et de quelques points intermédiaires, serait loin de réaliser les résultats que devrait offrir une navigation projetée dans le bassin de l'Allier, et ne saurait être prise en considération sérieuse.

Quant à la proposition de fixer à Coudes le point d'origine du canal, il faut avant tout observer que les exportations dont se compose la masse des transports sont, en majeure partie, formées de charbons de terre, de vins, de fruits, de bois, de pierres, expédiés par les ports qui avoisinent les limites de la Haute-Loire, et que cette branche importante des produits de la contrée, toujours soumise aux inconvéniens de la rivière, sur toute la partie de son cours qui, sur environ 30,000 mètres, offre le plus d'obstacles, serait encore privée des débouchés indispensables à son écoulement.

Terminer le canal à l'embouchure de la Dore et de la Sioule serait, dans tous les cas, laisser l'œuvre incomplète; car en admettant même, qu'après avoir reçu ses deux plus forts affluens , l'Allier , favorisé par un volume d'eau plus considérable, pût offrir aux bateaux un tirant d'eau suffisant pour la descente, l'impossibilité presque absolue de la remonte n'en existerait pas moins , et laisserait subsister une lacune de 80 kil. depuis le Bec d'Allier jusqu'à la Sioule, et de plus de 120 kil. jusqu'à la Dore, ce qui rendrait presque nuls les sacrifices faits dans le seul but que l'on doit se proposer, celui de faciliter les échanges. Mais la possibilité d'une navigation constante et facile à la descente est elle-même purement hypothétique , comme nous l'avons déjà démontré; la Dore et la Sioule ont, comme l'Allier , un régime torrentiel , et sont aussi soumises à des alternatives continuelles de hausse et de baisse qui rendent la tenue des eaux presque aussi difficile en aval qu'en amont de leurs confluens ; et les causes qui produisent ces changemens dans le cours et dans l'élévation de ces rivières se font rarement sentir sur l'une sans que les autres n'en ressentent également les effets. Il s'ensuit donc que les bateaux n'auraient franchi, par un canal, un tiers de la distance, que pour rencontrer dans la partie inférieure de l'Allier , après les avoir évitées plus haut , les entraves et les incertitudes de la navigation.

Ces considérations n'avaient pas échappé à l'intelligence de l'ingénieur , auteur du premier projet de canal, lorsqu'il proposa de l'établir sur toute la partie navigable de la rivière, et, en désespoir de cause, d'ouvrir un chemin de fer au dessus de Clermont jusqu'à l'Alagnon. Nous pensons donc, et, à cet égard , nous croyons être d'accord avec ceux qui possèdent une connaissance exacte de la localité , qu'un canal qui n'embrasserait pas toute l'étendue sur laquelle doivent s'opérer les transports serait nécessairement sans portée commerciale.

Un des esprits éclairés de l'Auvergne, M. Michel Brosson , dans un écrit dicté par l'amour du bien de son pays, a cru devoir proposer une combinaison nouvelle, qui consisterait à maintenir le canal dans la partie basse de la vallée, presque latéralement à la rivière, sauf à se rapprocher le plus de Clermont par la plaine de Sarlièves et le côteau de Lempdes, pour gagner le port de Pont-du-Château. Il admettait, comme une nécessité imposée par un besoin d'économie, que le point de départ serait à Chaldieu, où l'on communiquerait avec Jumeaux et Brassac par un chemin de fer dont l'excédant de longueur sur celui primitivement proposé se trouve justifié par les besoins de l'industrie houillère. Mais l'auteur de cette proposition ne la faisait pas sans reconnaître que la ligne par Clermont, Riom, Aigueperse, Gannat et St.-Pourçain était la meilleure et la plus utile au pays, et qu'il n'avait en vue que d'éviter des difficultés de terrain qui rendaient le tracé dispendieux.

Ce n'est pas ici le lieu d'examiner s'il serait convenable, pour obtenir une faible économie dans l'exécution, de renoncer à cette direction, dont le principal avantage est, sans contredit, de desservir les points de production et de consommation, où l'entreprise doit puiser ses plus grandes ressources. Qu'il nous suffise de faire observer qu'il ressort des études de toutes les personnes qui ont traité à fond la question, la condition nécessaire de ne pas scinder cette entreprise, et d'en réduire les sages et indispensables proportions.

En fait de projets de canalisation qui puissent intéresser le bassin de l'Allier, il reste à parler de la communication de la Garonne à la Loire et au Rhône, que le gouvernement a indiquée comme devant faire partie des grandes lignes navigables dont il vient de soumettre l'ensemble à la sanction législative. Cette communication s'opérerait par les vallées de la Doustre et du Chavanon, affluens de la Dordogne, du Sioulet et de la Sioule, affluens de l'Allier, et gagnerait la Loire en suivant la rivière de Bèbre. Mais cette ligne de navigation, qui ne ferait que traverser l'Allier près de Varennes, n'aurait aucun résultat pour la prospérité de l'Auvergne, et, quant à l'objet qui nous occupe, n'a point à fixer notre attention. Admise comme exécutable dans un temps plus ou moins éloigné, elle ne peut être considérée aujourd'hui que comme une satisfaction donnée aux réclmaations reconnues fondées des départemens du centre, mais les circonstances ne permettent pas de la réaliser encore. Aussi restera-t-elle long-temps peut-être au nombre de ces indications utiles, de ces vues générales dont il appartient au gouvernement de doter l'avenir de notre navigation intérieure.

Quant au canal latéral à l'Allier, si son exécution doit être considérée comme praticable et même facile sur une grande partie du terrain qu'il doit traverser, il est incontestable qu'il offre sur beaucoup d'autres points d'immenses difficultés. Presque toujours tracé sur les revers des côteaux, et, dans la partie supérieure, sur les flancs des rochers escarpés qui encaissent la rivière, il rencontre dans les longs et continuels contours auxquels il est subordonné par l'établissement de la ligne d'eau, des excavations creusées par

la chute rapide des torrens et les infiltrations de sources puissantes qui né-
cessiteraient des travaux de défense très-dispendieux. Quelle que soit leur
solidité, ces ouvrages pourraient-ils prévaloir contre les suites de ces
orages fréquens qui causent de si grands désastres? Le canal, comblé par
les dépôts qu'entraînent les eaux torrentielles qui l'alimenteraient, ou fermé
par les glaces que les hivers rigoureux conservent si long-temps, ne serait-il
pas fréquemment en chômage, et ne donnerait-il pas lieu d'ailleurs à des
frais d'entretien dont on ne peut pas suffisamment se rendre compte?

Un chemin de fer étant le moyen de transport le plus convenable pour
suppléer au canal, c'est donc à lui qu'il importe de recourir pour offrir
au bassin de l'Allier les débouchés dont il réclame si impérieusement
l'ouverture. C'est aussi le seul qui puisse préparer, pour l'avenir de l'Auvergne et des départemens du centre, la communication complète du midi
au nord, jusqu'alors frappé d'un anathème qui, suivant les expressions de
M. Michel Chevalier, dans l'ouvrage remarquable qu'il vient de livrer à
l'attention des économistes et des ingénieurs, pouvait paraître d'accord avec
les immuables décrets de la Providence elle-même avant l'invention des chemins de fer. Peut-être ne tarderont-ils pas à être pour les Margerides et les
Cévennes ce qu'ils ont été en Amérique pour les vallées de l'Alléghanys.

Un chemin de fer, en se prêtant aux pentes et contre-pentes nécessitées
par le relief du terrain, en suivant des alignemens plus directs, diminuera
la distance, et, par conséquent, les frais d'établissement, dont l'évalua-
tion est sans contredit plus certaine et moins sujette à des mécomptes que
lorsqu'il s'agit de ces immenses travaux d'écluses, d'aqueducs, de réservoirs
d'alimentation, pour lesquels il est si difficile de calculer ce qui est à faire par
ce qui a été déjà fait.

Mais, lors même que la nature et les inconvéniens du terrain ne tendraient
pas à faire accorder la préférence à un chemin de fer, elle serait commandée
par une considération plus puissante encore, par celle des produits, cette
question vitale qui domine toutes les autres, et dont la solution peut facilement se déduire de la simple comparaison des faits que procurent les
documens statistiques résumés dans le chapitre suivant.

CHAPITRE III.

—

L'exportation des produits des départemens de la Haute-Loire, du Puy-de-Dôme et de l'Allier, s'effectue par la navigation ou par le roulage, suivant la nature ou la valeur des marchandises et la nécessité plus ou moins grande d'un prompt arrivage.

Les productions de la vallée, tant à cause du bas prix et de la masse encombrante des matières, que de leur proximité de la rivière, suivent la voie de la navigation; les autres produits, la plupart manufacturés, dont la valeur créée dépasse de beaucoup celle de la matière première sont exportés par le roulage.

Les importations que l'on reçoit en échange ne pouvant, quelle que soit leur nature, avoir lieu par la navigation, suivent nécessairement aussi la voie de terre, de même que le transit du midi au nord qui traverse dans toute leur étendue les départemens de la Haute-Loire, du Puy-de-Dôme, de l'Allier et de la Nièvre.

A l'époque où il s'agissait de l'exécution du canal latéral à l'Allier, la commission de la chambre de commerce de Clermont, évaluait à 3,000, année commune, le nombre des bateaux par lesquels s'opéraient les exportations par la rivière.

Des changemens trop importans étant survenus depuis, dans l'état des choses, il convenait de rechercher, dans des documens plus récens, quel pouvait être actuellement le mouvement commercial sur l'Allier.

On a donc fait faire avec soin le relevé des états dressés par les receveurs des bureaux de navigation de Moulins et du Bec d'Allier de 1827 à 1836 inclusivement. Ces renseignemens ont été résumés dans un tableau qui présente d'une manière claire et précise le mouvement de la navigation dans le cours de cette période de dix années.

Il en résulte que la moyenne de transports s'élève :

Entre Brassac et Moulins à 1,483 bateaux portant. . . . 35,247 ton.

Moulins et le Bec d'Allier 1,682   id. 41,950

On doit faire observer que l'année 1827, pendant laquelle 1844 bateaux sont partis avec un chargement de 46,100 tonnes, a offert un résultat bien supérieur à celui des années suivantes.

En 1836, le tonnage ne s'est élevé qu'à 33,900 ton., et en 1831 à 30,675 t. seulement, ce qui s'explique par l'état de souffrance et de stagnation dans lequel les événemens de l'année précédente plongèrent momentanément le commerce.

La perception sur l'Allier ayant eu lieu, pour les années antérieures à 1837, en conformité à la loi du 30 floréal an X, le contrôle ne pouvait s'exercer que quant aux dimensions des bateaux et à la nature de leur chargement. Pour déterminer le tonnage, on a dû appliquer aux résultats des premières années de la période les données transmises par les agens de la perception, lorsque l'administration songea à modifier la loi pour adopter un nouveau mode de perception.

Aucun bureau de navigation n'existant entre Brassac et Moulins, il s'ensuit que toute la circulation sur la rivière entre ces deux points n'était assujettic à aucun contrôle et qu'il devenait pour ainsi dire impossible d'obtenir des données certaines sur les transports intermédiaires aux différens ports qui desservent Issoire, Clermont, Montferrand, Riom, etc., sur la rive gauche, Billom, Vic-le-Comte, Ambert, Thiers, etc., sur la rive droite.

La loi du 9 juillet 1836, ayant aboli les tarifs antérieurs pour y substituer sur tous les canaux et rivières faisant partie du domaine de l'État, un mode uniforme de perception, les droits de navigation, à partir du 1er janvier suivant, ont été perçus par distance de cinq kilomètres et en raison de la charge réelle des bateaux. De nouveaux bureaux ayant été en conséquence établis à Jumeaux, Pont-du-Château et Vichy, pour atteindre toute la partie navigable de l'Allier, l'on peut considérer comme l'expression de la réalité les résultats suivans :

		NOMBRE DES BATEAUX CHARGÉS.	PRODUIT DU TONNAGE PAR LES DISTANCES PARCOURUES.			
			MARCHANDISES SUJETTES A LA TAXE		TOTAL	
			Supérieure	Inférieure.	à la descente	à la rem.
Bureau de Jumeaux. . .	Descente.	236	12,543	28,350	40,893	»
	Remonte.	»	»	»	»	»
— de Pont du Chateau.	Descente.	592	116,991	119,536	236,527	»
	Remonte.	»	»	»	»	»
— de Vichy	Descente.	189	11,640	54,685	66,325	»
	Remonte.	»	»	»	»	»
— de Moulins.	Descente.	1,250	118,162	655,895	774,057	4,089
	Remonte.	8	3,038	1,051		
— du Bec d'Allier. . .	Descente.	1,499	130,593	681,856	812,449	20,523
	Remonte.	301	12,009	8,514		
Total.			404,976	1,549,887	1,930,251	24,612
Total général.			1,954,863 t.		1,954,863 t.	

Ces résultats étant le produit du tonnage réel par les distances parcourues
ou le nombre des tonnes ramené au parcours d'une seule distance, on en dé-
duit facilement la quotité des transports sur toute l'étendue de la partie navigable qui comporte 44 distances. Soit de Brassac au Bec d'Allier :

1° pour les marchandises de 1re classe (vins, fruits, etc.)', de.... 9,877 t.
2° — — 2° (charbons, bois de charp., etc.). 37,802

Total. . . . . 47,679 t.

Ce dernier résultat, qui ne peut être contesté, se trouve, comme on le voit, de bien peu supérieur à la moyenne des dix années précédentes. Ainsi , le mouvement commercial sur l'Allier n'aurait pour ainsi dire pas augmenté en 1837, tandis que sur la plupart des rivières de France l'application de la loi du 6 juillet 1836, en réduisant d'un tiers environ la totalité des droits de navigation, a eu pour effet de déterminer une augmentation proportionnelle dans les transports (1) ; c'est que l'Allier se trouvait et se trouve encore dans une position presque exceptionnelle. Par la formation de trois nouveaux bureaux qui viennent maintenant atteindre la navigation supérieure sur les deux tiers de son cours jusqu'alors affranchi de tous droits, le commerce de cette rivière se voit exclu du bénéfice d'une loi dont le but était d'alléger l'impôt existant et qui en définitive n'a fait que créer de nouvelles armes à la rivalité.

Les transports par le roulage, n'étant pas soumis au régime de la fiscalité, n'ont pu être évalués que par suite des recherches et des observations faites par MM. les ingénieurs des ponts-et-chaussées pour arriver à connaître le degré d'importance des routes dont le service leur est confié.

Il a été constaté, dans le département de la Nièvre, que sur la route royale n° 7 de Paris à Lyon et à Marseille, commune jusqu'à Moulins à celle de Clermont, la circulation du roulage dans les deux sens pouvait être évaluée par jour de 350 à 400 chevaux attelés ; au-delà de Moulins , c'est à dire sur la route royale n° 9 de Paris à Perpignan, ce nombre se trouverait réduit à 300.

M. l'ingénieur en chef du Puy-de-Dôme a consigné dans son rapport au conseil général des renseignemens qui devraient seuls servir de base aux évaluations, s'il eût été possible d'arriver à des résultats complets.

« Le mouvement journalier de la circulation , tant sur les routes royales » que sur les routes départementales , a été constaté par les cantonniers sur » des feuilles imprimées à cet effet, pendant une année , à dater des mois de » mars et d'avril 1833 jusqu'aux mois correspondans de 1834 (2). »

(1) On voit en effet que sur la Seine, par exemple, les produits se sont élevés de 541,826 fr. à 706,575 fr., représentant une augmentation de plus d'un tiers. Sur la Loire, au contraire, le tarif élevé des canaux de Briare et de Loing ayant eu pour résultat d'attirer sur le canal de Bourgogne, dont les droits avaient été considérablement réduits, la masse presque entière des transports en descente de la partie supérieure du fleuve, les produits de 1837 sont loin d'être en rapport avec ceux des années précédentes. Ceux de l'Allier sont restés à peu près les mêmes ; car la différence de 53,795 fr. à 27,539 fr. est proportionnelle à l'abaissement des droits.

(2) Il résulte du dépouillement de plus de huit mille états où ces observations sont détaillées,

La route de Paris à Perpignan a donné :

dans le sens de la remonte. . . . .   32,623 t. 93

—   de la descente.   29,636   85

Total   62,260   78

Mais il faut remarquer, avec M. l'ingénieur en chef, « que les observations » sur lesquelles on s'est fondé ont eu lieu en été, depuis six heures du ma- » tin jusqu'à six heures du soir, et en hiver, depuis le lever jusqu'au coucher » du soleil ; mais avant et après les mêmes heures, un grand nombre de » masses ont circulé, en été surtout, sans qu'on ait pu en tenir compte. »

L'on sait que généralement, et dans le Midi surtout, le roulage a lieu pen- dant la nuit, à l'époque des grandes chaleurs, c'est à dire pendant la moitié de l'année. On pourrait donc, sans crainte d'exagération, adopter les données que nous avons obtenues d'autre part pour les appliquer à toute la partie de la route comprise dans les trois départemens traversés.

Un cheval peut, sur une route bien entretenue, traîner moyennement 1,000 kil. En réduisant cette charge à 900 kil. seulement, on aura :

Entre Nevers et Moulins, pour 375 chevaux. . . . .   123,187 tonnes.

Entre Moulins et le département de la Haute-Loire

pour 300 chevaux.   107,550

Soit en moyenne sur la ligne entière 115 367 t. . .

Si l'on préfère prendre pour base des évaluations relatives à la route royale n° 9 , le résultat des observations faites dans le département du Puy- de-Dôme, en y ajoutant toutefois une augmentation d'un tiers, pour tenir compte du mouvement qui n'a pas été constaté, on aura :

Entre Nevers et Moulins. . . . . { Descente. . . 59,105 } 123,187
                                  { Remonte. . . 64,080 }

— Moulins et le département   { Descente. . . 39,504 } 82,505
de la Haute-Loire. . . .   { Remonte. . . 43,001 }

Soit en moyenne sur la ligne entière, au moins 102,846 tonnes.

que la somme des masses en circulation dans le cours d'une année entière, a été, malgré des lacunes fort étendues :

Sur les routes royales. . . . .   229,335 t.

—   —   départementales.   153,000

Total. . . .   382,335 t.

Ainsi, en n'ayant égard qu'au moindre résultat, le mouvement commercial s'élève, année commune, entre Nevers ou le Bec d'Allier et la limite de la Haute-Loire,

Par la navigation à. . . . . 47,679 t..
Par le roulage 102,846

Total . . 150,525

Quant à la circulation des voyageurs, il suffirait, pour en faire apprécier l'importance, de faire observer qu'entre Nevers et Moulins la route royale est le lien de communication des villes les plus importantes du sud-est de la France, Lyon, Grenoble, Valence, Avignon, Aix, Draguignan, Marseille et Toulon, et que au-delà de Moulins elle reçoit l'embranchement des routes de Thiers, Montbrison, Saint-Etienne, du Puy, et toutes les ramifications qui rattachent à la France centrale les villes et les ports commerçans du Midi. Aussi cette route est-elle l'une des plus fréquentées, et, quant à ce qui concerne le transport des marchandises, cela se conçoit d'autant mieux qu'il n'existe pas de ligne navigable en concurrence.

Un tableau joint à ce mémoire présente d'une manière exacte le nombre des voitures publiques et des places offertes à la circulation. Il en résulte que celui des voyageurs peut s'élever annuellement :

1° Par les voitures publiques en service régulier,

Entre Nevers et Moulins, à. 59,130
Moulins et Gannat 44,165
Gannat et Riom . . . . · 36,500
Riom et Clermont 117,260
Clermont et Issoire. 39,705
Issoire et Saint-Germain-Lembron et au-delà. . . 20,700

2° Par les voitures publiques à volonté, dites pataches,

Entre Nevers et Clermont-Ferrand 74,921
Clermont-Ferrand et Saint-Germain-Lembron. . . 10,950

C'est entre ces deux derniers points que la circulation est la moins active par les petites voitures, parce que les services réguliers sont nombreux, et qu'au-delà d'Issoire les villes de quelque importance sont éloignées.

Si l'on répartit sur le trajet entier de la ligne le nombre des voyageurs par les voitures publiques de toute espèce, on obtient une circulation approximative de. 100,000 individus, auxquels il faudrait ajouter encore celle des voitures particulières, qui, pendant une grande partie de l'année, et surtout pendant la saison des eaux, ne laisse pas d'être considérable.

On voit, par les résultats qui précèdent, que les transports par eau, en majeure partie formés des produits de l'industrie houillère et de l'agriculture, sont, dans l'état actuel, impuissans pour déterminer la création d'une voie nouvelle de communication; et que même, dans l'hypothèse où ces transports offriraient une augmentation d'un tiers, les produits seraient insuffisans pour servir les intérêts à 3 p. 100 du capital nécessaire à l'exécution du canal, réduit aux plus petites dimensions; ce qui ne permettrait pas de songer à l'établissement en grande section, évaluée à 34 millions, somme considérée comme bien insuffisante.

On verra, par la suite de ce mémoire, si l'on doit regarder comme fondées les prévisions que nous avons eues dès le principe sur l'entreprise d'un chemin de fer, dont le mode de transport rapide et peu coûteux doit attirer à lui la presque totalité des marchandises expédiées par la navigation de l'Allier, toutes celles qui suivent la voie du roulage, toute la circulation des voyageurs, et déterminer, dès les premiers instants de sa mise en activité, une augmentation dont les limites ne peuvent être connues.

CHAPITRE IV.

—

DESCRIPTION DU TRACÉ.

Le projet du canal latéral à l'Allier, approuvé par l'esprit public et revêtu de la sanction administrative, ayant créé, en faveur de la direction proposée pour son établissement, une enquête morale dont l'autorité ne pouvait être méconnue, on a considéré comme un devoir de ne pas s'écarter de l'ensemble de ce tracé, déjà suffisamment justifié par les considérations émises dans un des chapitres qui précèdent. Toutefois, pour abréger la distance, en évitant les longs et nombreux détours auxquels était nécessairement astreinte la disposition de la ligne d'eau du canal, des modifications, auxquelles pouvait se prêter l'établissement du chemin de fer, ont été opérées dans quelques parties qui ne pouvaient exercer aucune influence sur les transports.

Si l'on n'avait eu égard qu'à la circulation des voyageurs, la ville de Moulins, où se réunissent les nombreuses routes qui desservent le Nord, le Midi, l'Est et l'Ouest, pouvait être l'origine du chemin de fer, tant que ceux de Paris à Orléans, et d'Andrezieux à Roanne, ne seront pas reliés entre eux. Mais il s'agissait de donner aux exportations et importations du bassin de l'Allier, un débouché moins difficile et moins incertain que la navigation ; et comme cette navigation, que l'on doit, il est vrai s'occuper d'améliorer entre Moulins et le Bec d'Allier, ne peut être rendue praticable en tous temps, à la descente, comme à la remonte, qu'à l'aide d'un canal qu'il n'est pas même question d'établir, il devenait impérieusement nécessaire de faire arriver le chemin de fer proposé jusqu'au canal latéral à la Loire ; dès lors, la ville de Nevers, centre de circulation non moins important que Moulins, et d'ailleurs, entrepôt naturel de toutes les denrées qui s'échangent entre les départements au delà de la Loire et ceux de l'Allier supérieur, devenait un point obligé de départ.

Quant au point d'arrivée, au lieu de s'arrêter au confluent de l'Alagnon, ainsi qu'on le projetait pour le canal, il a paru plus convenable de pénétrer jusqu'au centre des exploitations houillères, avec d'autant plus de raison que le port de Brassaget, où s'arrête la ligne du chemin de fer, est l'origine de la navigation à laquelle on veut suppléer, et qu'il y avait utilité à réduire, autant que possible, la distance que doivent avoir à parcourir par le roulage, les transports de la contrée supérieure, destinés à suivre la nouvelle voie proposée.

La ligne de Nevers à Brassac, se divise en deux parties principales :

La première de Nevers à Clermont, sur. . . . . 144,856 mètres.

La seconde de Clermont à Brassac, de 51,732

Pour faciliter l'intelligence des détails dans lesquels doit entraîner nécessairement la description d'une ligne aussi importante, nous subdiviserons ces deux parties en quatre sections principales :

La 1re de Nevers à Moulins . . . .)
La 2e de Moulins à Gannat. . . . } formant la 1re partie.
La 3e de Gannat à Clermont. . . .)
La 4e de Clermont à Brassac . . . .   ---   2e partie.

Première section.

Entre Nevers et Moulins, deux directions sont également praticables.

La première dont le point de départ serait situé dans l'angle sud-ouest, formé par la Loire et la route royale n° 7, de Paris à Lyon, suivrait les côteaux qui bordent la Loire, depuis Chaluy jusqu'à Gimouille, où elle se détournerait vers le sud, pour se maintenir sur le revers occidental de la vallée de l'Allier, et suivre jusque vers Moulins la rive droite de cette vallée, en contournant le cap avancé de Saint-Pierre-le-Moutier, qui s'élève devant le bourg du Veurdre. On franchirait l'Allier à l'aval de Moulins, dont la traversée sur la rive droite offrirait de grandes difficultés; des motifs puissans devant d'ailleurs déterminer à regagner la rive gauche, près de cette ville.

En adoptant cette direction, l'établissement du chemin de fer, dans la vallée de la Loire, eût été incessamment gêné par le canal latéral et la route royale n° 76, tracés au pied des côteaux qui dominent la vallée, ces côteaux n'affectant pas une disposition favorable à l'établissement d'un tracé, qui serait maintenu sur leur déclivité; dans la vallée de l'Allier on eût été obligé à la construction d'un grand nombre de ponts pour traverser ses nombreux affluens; enfin la ville de Moulins eût été desservie d'une manière peu commode, parce que le tracé sur la rive gauche, devant être forcément maintenu au dessus de la gare que l'on doit ouvrir à l'aval du pont, l'embarcadère qui serait placé à la rencontre de la route royale de Limoges à Moulins, serait éloigné de 800^m de l'entrée de la ville.

Dans ce cas, la distance de Nevers à Moulins ne serait pas moindre de 63 kilomètres, c'est à dire sept kilomètres de plus que la route, au grand désavantage de la circulation directe. De plus, le point d'embarquement et de débarquement des marchandises destinées à descendre en Loire, soit par le canal soit par le fleuve, ou à remonter dans le bassin de l'Allier, serait défavorablement situé en amont du pont aqueduc près le bec d'Allier.

Le plateau qui sépare les affluens secondaires de la Loire et de l'Allier, a paru plus favorable à l'établissement d'un chemin de fer, et présenter, dans l'intérêt des localités et de la compagnie exécutante, des avantages qui ne manqueront pas d'être appréciés.

La seconde direction, se rapprochant à très peu près de la ligne droite tracée entre Nevers et Moulins, abrégerait la distance de près d'un sixième. Elle offrirait, par conséquent, malgré des travaux de terrassement assez importans, une économie d'autant plus grande qu'elle se trouverait dégagée de la construction d'un grand nombre de ponts et de viaducs auxquels serait assujetti le tracé par la vallée.

La possibilité de ce tracé une fois constatée, il ne devait plus exister de doute sur la préférence à lui donner ; il y avait d'ailleurs justice dans cette préférence, car cette partie du pays, couverte de forêts, et qui possède plusieurs établissemens métallurgiques importans, se trouve privée de débouchés, et ne doit en avoir d'autre qu'une route départementale en construction qui ne pourra la desservir que de l'est à l'ouest ; tandis que la vallée, où il n'existe aucun élément de production susceptible d'exercer une influence sur le choix du tracé, peut, indépendamment de la route royale qui la traverse, exporter ses produits par la rivière, et n'est pas éloignée du canal de Berry.

La direction par le plateau permettra d'établir sur le canal latéral à la Loire, avec des dispositions favorables au commerce, un embarcadère près du point où le chemin de fer aborde le coteau en vue de Nevers, aussi bien qu'à l'entrée de la vallée de la Colâtre, si la nécessité en était reconnue pour les marchandises destinées à remonter la Loire et à entrer dans le canal du Centre.

Toute la contrée qui s'étend entre la Loire et l'Allier retirerait un immense avantage de cette ligne, qui faciliterait l'exploitation des forêts, des charbons de bois et des forges des vallées de l'Acolin, de l'Abron et de la Colâtre, et favoriserait l'établissement de nouvelles usines, qui utiliseraient la force hydraulique encore disponible dans ces vallées. La route départementale n° 9 que l'on ouvre entre Decize et Saint-Pierre-le-Moutier, se trouvant traversée par le tracé près d'Azy-le-Vif, au milieu de la distance qui sépare ces deux points, permettrait aux habitans des lieux circonvoisins d'accéder facilement au chemin de fer.

L'origine du projet a été fixée à l'extrémité du pont de Nevers, à gauche de la route royale n. 7, au lieu dit la Blanchisserie; la cote du projet étant à 4^m,65 au dessus de l'étiage de la Loire.

Après avoir traversé presque immédiatement la levée de Sermoise, le tracé, d'abord de niveau sur 2,046^m, se dirige vers les coteaux de la rive gauche de la Loire, en remontant la plaine de Nevers par une rampe de 0^m,004; il est maintenu en remblai de 3 à 4^m de hauteur pendant 3,000^m, jusqu'au delà du canal, qu'il franchit sur un pont tournant, à 700^m à l'aval du crot de Savigny.

A la droite du chemin de fer, immédiatement après la traversée du canal, on creusera une gare pour le stationnement des bateaux destinés au transport des marchandises qui suivraient la voie de la navigation.

Le tracé continuant à monter avec la rampe de 0^m,004 sur 1,612^m, coupe en tranchée de 11^m,43 de profondeur maxima, le cap du Crot de Savigny; il traverse en déblai la forêt de Sermoise, et en remblai la petite plaine du domaine de Villecourt, puis se maintenant à l'horizontale, à l'exception d'une longueur de 1,000^m en rampe de 0^m,002, sur le revers des coteaux, i passe à gauche et contre le domaine de la Maison-Neuve et sous Chevenon, l'Atelier et Jaugenay, et arrive à la vallée de Colâtre, qu'il franchit sur un remblai de 7^m,75 de hauteur, pour suivre ensuite le plateau de Marigny.

Après cette traversée, il monte avec une rampe de 0^m,003 jusqu'auprès d'Uxeloup, où laissant ce village sur la gauche, il s'infléchit au sud pour pénétrer dans la vallée de la Colâtre, qu'il remonte en suivant la rive droite, au moyen d'une rampe continue de $0^m,005$ sur $10,883^m$, jusqu'au domaine de Poissat, par une suite de courbes de $1,000^m$ de rayon, raccordées entre elles par de courts alignements.

Les contreforts des Quatre Fenêtres, de Boursier et de La Chagnette, qui s'avancent dans la vallée, sont coupés par des tranchées, dont la plus profonde a $19^m,70$. Les ravins qui séparent les deux premiers contreforts sont franchis, ainsi que le vallon des Tardifs, par des remblais de $8^m,57$, $14^m,68$ et $15^m,48$ de plus grande hauteur.

Au delà du vallon des Tardifs, le tracé aborde en tranchée de $7^m,97$ le plateau d'Aurouer, près le domaine de Crot-Maçon, et atteint le point culminant à la côte $80^m,59$. Passant ensuite à l'est de Nonay, du département de la Nièvre dans celui de l'Allier, en suivant deux grands alignements raccordés à l'est de Trévol par une courbe de $8,000^m$ de rayon, il descend à Moulins, au moyen de deux pentes de 0^m003 sur $6,213^m$ et $5,449^m$, séparées par un palier horizontal de $3,325^m$, après avoir franchi, sur des viaducs élevés de $11^m,72$ à $16^m,56$ les petits affluents de l'Allier.

Aux abords de cette ville, le tracé se reporte à l'ouest par une courbe de 900^m de rayon, qui passe entre le cimetière et le nouveau séminaire, dont on coupe seulement un angle du jardin, pour aboutir à 200^m de la barrière de Paris, sur la route royale n° 7, qu'on relèvera au moyen d'une rampe de $0^m,03$ par mètre, pour la faire passer au-dessus du chemin de fer (1). Cette courbe de 900^m est sans inconvénient aux abords d'une ville où l'on doit arrêter et faire stationner les convois.

L'embarcadère de Moulins, placé à gauche de la route royale, est situé en un point beaucoup plus favorable et rapproché de la ville que si l'on fût arrivé sur la rive opposée, où l'on n'aurait pu s'établir qu'au-delà de la gare, c'est à dire à 400^m du pont, ou à 800^m de l'entrée de la ville. Ainsi les voyageurs auraient eu à parcourir près d'un quart de lieue avant d'entrer en ville, et sans pouvoir trouver un abri ; tandis que le faubourg de Paris, plus fréquenté, et dans lequel sont situés plusieurs établissemens publics, offrait le seul point d'arrivée qui pût satisfaire à toutes les conditions désirables.

(1) La nécessité de relever la route royale à l'entrée de Moulins, n'a pas permis de se rapprocher davantage de cette ville.

La longueur de cette première section est de 50,032ᵐ, dont 27,195 en parties droites, entre autres deux alignemens de 5,747 et 7,182; et 23,037 en parties courbes de 1,000ᵐ au moins de rayon, si ce n'est celle aux abords de Moulins.

Les parties de niveau ont ensemble 21,008ᵐ; celles en pente, 29,224ᵐ, dont 15,845ᵐ à 0ᵐ,002 et 0ᵐ,003 par mètre; et 13,381ᵐ à 0ᵐ,004 et 0ᵐ005 par mètre.

Comme c'est à la descente que s'opérera la plus grande masse de transports, il était important de réduire autant que possible le maximum des rampes dans ce sens. Nous avons pu ne pas dépasser la rampe de 0ᵐ,003 par mètre.

Quant à la pente de 0ᵐ,005 que l'on s'est décidé à adopter pour monter sur le plateau, elle pourrait être réduite à 0ᵐ,0045 et peut-être à moins dans l'exécution. La saison pluvieuse qui rendait les chemins totalement impraticables à l'époque des opérations, jointe à la difficulté des reconnaissances dans la forêt du Péray et les bois dont le plateau est couvert, n'a pas permis de donner au tracé toute la perfection dont il était susceptible. Nous devons au reste faire observer dès à présent que la pente de 0ᵐ,0045 n'offrira pas d'inconvénient à la locomotion, parce que le rapport entre les poids que pourrait remorquer une machine de force moyenne, sur la rampe de 0ᵐ,0045 et sur celle de 0ᵐ,003, que devront franchir les convois descendant, est supérieur à celui qui existe pour les transports des marchandises à la remonte et à la descente.

Deuxième section.

Au-delà de la route royale n° 7 près de Moulins, le tracé franchit l'Allier, dont il suit ensuite la rive gauche jusqu'au confluent de la Sioule, moins pour éviter les travaux dispendieux et difficiles qu'aurait occasionnés le passage soit devant, soit derrière la ville, que pour se rattacher près de la gare projetée, et près de Châtel-de-Neuve aux deux chemins de fer que les concessionnaires des mines de Fins et de Montet-aux-Moines viennent d'être autorisés à ouvrir, dans le but de donner à leurs exploitations tout le développement dont elles sont susceptibles et que leur assure une situation favorable à l'exportation. La rivière d'Allier, à laquelle ils aboutissent, étant une voie d'écoulement encore incertaine pour la descente et toujours impossible à la remonte, il était dans tous les intérêts d'assurer aux mines de Fins et du Montet le service des transports destinés à l'approvisionnement de la partie méridionale du département de l'Allier, ou à l'exportation dans les autres départemens, et surtout dans la Nièvre.

Les établissemens métallurgiques du Nivernais se trouveront délivrés, par la facilité des arrivages et la concurrence des charbons du Bas-Allier, de la loi que les mines de Decize font subir à l'entrepôt de Nevers, que la navigation de l'Allier et celle de la Loire, si pénible et si coûteuse à la remonte, ne pourraient desservir d'une manière aussi avantageuse.

La continuation du tracé par la rive gauche, au-delà de Moulins, eût donc été, en présence de pareils résultats, un véritable non-sens, et n'aurait pas même trouvé son excuse dans des motifs d'économie.

Après avoir passé, devant Moulins, sous la route royale n° 7, le tracé, franchissant sur un viaduc de 6 ^{m} de hauteur sous clef le cours de Bercy, se dirige en remblai sur l'Allier qu'il traverse sur un pont droit et de niveau, ayant 260^m d'ouverture totale et une hauteur de 7^m,87 à l'intrados au-dessus de l'étiage.

Après la traversée de l'Allier, à la cote 43^m,72, le tracé, en s'infléchissant au sud par une courbe de 1,000^m de rayon, se dirige encore en remblai vers les coteaux. Il passe à 1^m,61 en contrebas de la route royale de Limoges à Moulins, qui sera exhaussée de 4^m,39; il se maintient ensuite sur le flanc du coteau de Bressoles en passant entre le château Vallière et le domaine des Carrons, traverse Pionat et arrive sous Bressoles. Il traverse à 1^m,14 en déblai la route royale n° 9, dont le sol sera relevé de 4^m,86, passe entre les domaines des Garnauds et l'Allier; et, atteignant le niveau de la petite plaine qui s'étend au pied des coteaux et le long de l'Allier, depuis le hameau de Longvé jusque sous Châtel-de-Neuve, il s'y maintient de niveau sur 9,406^m à peu près parallèlement à la route royale, et suivant de grands alignemens raccordés par des courbes à grand rayon, en passant à la gauche des domaines des Perrons, de la Jolivette et de la Forêt, et entre le village et le domaine de Tilly.

Arrivé sous Châtel-de-Neuve, où il passe au-dessus du château de Saint-Laurent, il remonte la vallée avec des pentes de 0^m,003 au plus, jusque vis à vis le hameau de la Gruyère où il aborde en tranchée le coteau rapide de

Monestay sur le flanc duquel il se maintient en déblai à 7ᵐ,43 de plus grande hauteur, jusque au delà du hameau des Moreaux, qu'il traverse, au niveau du sol en passant sur trois maisons de très faible valeur. De là, se dirigeant entre la Chaise et les Guillots, il se dirige en remblai de 7ᵐ,46 au plus, sur Contigny, où il passe entre le village et le parc du château, et continuant sur un remblai en rampe de 0ᵐ,003 vers la Sioule, il traverse cette rivière sur un pont droit et de niveau ayant 90ᵐ de débouché; puis évitant par une courbe de 1,000ᵐ de rayon une forte sinuosité de la rivière, il arrive directement à Saint-Pourçain à l'entrée du faubourg du Palluet, à 4ᵐ,03 en contre-haut de la route royale n° 146 de Limoges à Varennes, que l'on abaissera de 1ᵐ,97, pour donner au pont sous le chemin de fer 5ᵐ de hauteur sous clef.

De Saint-Pourçain au hameau de Vernet, le tracé consiste en deux grands alignemens raccordés par une courbe de 6,000ᵐ, presque parallèles à la route royale n. 9, et dont le dernier ne s'écarte à son extrémité que pour en faciliter la traversée qui a lieu à 6ᵐ,47 en déblai, au moyen d'un pont biais situé à 500ᵐ au-delà de Vernet. Le tracé, se rapprochant ensuite de la Sioule par une courbe de 1,500ᵐ de rayon, vient rejoindre le revers escarpé des coteaux qui bordent cette rivière, en passant entre l'étang de Coupe-Gorge et le hameau d'Aubleterre; il se maintient sous Écolles sur le flanc des coteaux dont il contourne les sinuosités par des courbes de 1,000ᵐ au moins de rayon pour éviter des terrassemens exagérés, et arrive en tranchée sous le Mayet-d'Écolles à 8ᵐ,29 de plus grande profondeur. Au sortir de cette tranchée, le tracé traverse sur un remblai de 6ᵐ,11 au plus la plaine de Saulzet, passe à l'ouest, près du village de ce nom, puis, regagnant le pied du coteau sur lequel est situé celui de Mazerier, dont on est éloigné de 800ᵐ, il s'infléchit vers l'est, et franchit pour la troisième fois, par un viaduc biais de 5ᵐ de hauteur sous clef, la route royale n. 9; ensuite, traversant le Clos et les deux bras de l'Andelot, il arrive de niveau à Gannat, au milieu du faubourg de Pave, près de l'origine de l'embranchement de la route royale n. 9, qui conduit à Vichy et à Cusset, et sous laquelle le chemin devra passer. La gare sera établie après la traversée de cette route, qui pourrait avoir lieu à niveau, si l'on n'avait égard à l'augmentation de circulation que produira nécessairement l'établissement du chemin de fer, surtout si l'on réfléchit que cette ligne est destinée à remplacer, pour les voyageurs qui se rendent à

Cusset et aux bains de Vichy la route que suivent actuellement les voitures publiques.

Les points d'arrivée à Saint-Pourçain et à Gannat ne paraissent pas susceptibles de donner lieu à aucune objection.

Entre ces deux points, le nivellement a donné, sur une longueur de 24,148^m, une différence de 98^m,77 qui se trouve rachetée par une rampe de 0^m,0025 sur 2,400^m, et une rampe de 0^m,0045 sur 20,118^m, interrompue par un court palier horizontal. Cette dernière pente eût pu être réduite à 0^m,00409, mais en augmentant considérablement les travaux de remblais sous le Mayet et dans la plaine de Saint-Pourçain.

Le moyen d'obtenir des pentes plus faibles eût été de gagner, après la traversée de la Sioule, la vallée sinueuse de l'Andelot que l'on aurait remontée jusqu'à Gannat ; mais ce ne pouvait être qu'au détriment de la facilité du tracé, et l'on devait en outre se résoudre à abandonner la ville de Saint-Pourçain, centre d'un commerce local fort actif, que l'on avait reconnu la nécessité de desservir par le canal.

La longueur de la 2e section est de 55,475^m.

Les alignemens, au nombre de 28, ont une longueur de 38,364, et les parties courbes, généralement à grands rayons, ont un développement de 17,111^m.

Les parties de niveau ont 20,849^m, et celles en pente 25,256^m. Ces dernières se divisent ainsi qu'il suit, y compris une contrepente de 0^m,003 sur 627^m au départ de Moulins :

Rampes de 0^{m}0025 sur 5,138 mètres.
—   0.003   — 9,370   —
—   0.0045 — 20,118 —

Troisième section.

Le tracé du canal, dans cette partie, était commandé par l'établissement d'un seul bief de 77,400 ^{m}, depuis le village de Poëzat, à 3,000 ^{m} S. E. de Gannat, jusqu'au château de Chaldieu. Pour parvenir à ce résultat, il fallait traverser, par un souterrain de 2,200^m sous le parc d'Effiat, le seuil qui sépare l'Andelot du Buron ; puis au-delà d'Aigueperse, pénétrer par une tranchée de 14ᵐ dans la vallée de la Morge, à l'est d'Artonne; remonter jusque près de Combronde; traverser, encore par une tranchée de 11ᵐ, le coteau de Saint-Bonnet; puis enfin, par une troisième tranchée, dont la profondeur n'était pas moindre de 15ᵐ, le col de Ladoux, qui s'avance vers l'Allier jusqu'au-delà de Château-Gaillard. L'on passait ainsi, après de longs détours, au sud d'Aigueperse, à l'ouest de Riom, et l'on arrivait plus près de Montferrand que de Clermont, après s'être continuellement tenu sur le revers des montagnes qui dominent la vaste plaine de la Limagne.

Ce tracé, qui dénote une connaissance et une étude parfaites du terrain, était le seul en effet qui pût convenir à l'établissement d'un canal destiné à desservir les principales villes de l'Allier. Mais, pour un chemin de fer qui se trouve affranchi des conditions que l'exécution d'un canal rend si difficiles à remplir, il ne s'agissait plus que de déterminer la ligne la plus directe et la plus convenable au service du transport, en la subordonnant aux pentes et contrepentes que nécessite le relief du terrain; et le choix du tracé ne devenait plus douteux.

Ainsi, à partir de Gannat, le tracé se continue vers Saint-Genetz-du-Retz par un grand alignement avec une pente de 0ᵐ,004, pour atteindre le faîte de séparation de l'Andelot et du Buron, au dessous du village de Montpensier à gauche duquel il arrive en déblai de 17ᵐ,19 de plus grande profondeur, à la cote 199ᵐ,88. Il descend avec une pente de 0ᵐ,0025 sur 2,621, et contournant par une courbe de 2,000ᵐ de rayon le village et le pied de la butte de Montpensier, passe à niveau, près de Coreil, la route départementale nº 6 de Saint-Pardoux à Courpière, puis ensuite le Buron, sur un remblai de 6ᵐ,76 au plus, et arrive à l'extrémité sud de la ville d'Aigueperse où l'on rencontre pour la quatrième fois la route royale nº 9 dont le sol sera abaissé de 4ᵐ,88.

La distance qui sépare Gannat d'Aigueperse eût pu être réduite par un souterrain de 1,100ᵐ environ, au moyen duquel on eût traversé à l'ouest de la seconde de ces deux villes le faîte de séparation du Buron et de l'Andelot; mais il a paru plus convenable d'éviter par un détour cet ouvrage dispendieux que ne justifiait pas d'ailleurs suffisamment un faible excédant de longueur dans la direction que nous avons suivie.

Au delà d'Aigueperse, le tracé commence à descendre vers la Morge avec une pente continue de 0ᵐ,005 sur 8295ᵐ; il coupe par une tranchée de 11ᵐ10 de plus grande profondeur le faîte de Nentillat, puis se portant en remblai à travers la plaine de Bellecombe vers le coteau des charmes de Randant que contourne en déblai une courbe de 1,200ᵐ de rayon, il traverse en remblai la petite vallée du Béal, et ensuite la Morge à 500ᵐ d'Aubiat à l'amont du moulin de Lavaux, sur un pont de 34ᵐ de débouché. On coupe ensuite à l'ouest de ce hameau par une tranchée de 10ᵐ,11 le plateau de la Moutade, tant pour se procurer les terres nécessaires aux remblais des vallées de la Morge et de la Cellule, que pour éviter de sacrifier la plus grande partie des prés et vergers qui existent le long de la Morge sur la déclivité du coteau. Après la tranchée de la Moutade, le tracé traverse en remblai la plaine de Cellule, au milieu de laquelle cesse la contre-pente de 0ᵐ,003; à cette pente succède un palier horizontal de 6,059ᵐ qui se termine à 947ᵐ avant Riom.

Du passage de la Morge, le tracé se dirige par un seul alignement, raccordé avec celui de la plaine du Béal ou de Bellecombe par une courbe de 7,500ᵐ de rayon, sur le village de Villeneuve, où il parvient en tranchée, après avoir, à l'entrée du faîte qui sépare les vallées de la Morge et de l'Ambaine, traversé pour la cinquième fois la route royale nº 9 en face du hameau de Pont-mort. Devant Villeneuve le tracé se détourne à l'ouest par une courbe de 2,000ᵐ, et pénètre dans le flanc du coteau de Saint-Bonnet dont le déblai sera utilisé dans la plaine qu'il limite au nord. On se tient en remblai dans cette plaine à une hauteur maxima de 7ᵐ,88, et sur une courbe de 2,000ᵐ convexe vers Riom où l'on aboutit en tranchée à l'extrémité du faubourg de la Bade.

La ville de Riom est située sur une hauteur qui en rendait l'accès immédiat totalement impossible; cependant le service des relations actives qu'elle entretient avec tout le département et surtout avec Clermont exigeait que l'embarcadère fût le plus possible rapproché du centre des affaires. Le point que nous avons choisi n'étant éloigné que de 400ᵐ du boulevard le plus fréquenté, des principaux établissemens publics, et surtout du Palais-de-Justice, paraîtra, sans aucun doute, le mieux approprié à sa destination. Mais, pour se rapprocher ainsi de la ville, il a fallu nécessairement pénétrer par une tranchée de 13ᵐ,72 dans la déclivité de l'éminence qui se prolonge dans la plaine, et placer l'embarcadère à 300ᵐ au delà de cette tranchée. D'ailleurs cette disposition ne peut gêner en rien la commodité des voyageurs et ne porte aucun trouble dans les propriétés du faubourg dont les communications seront assurées par un pont.

Au delà de Riom, le tracé passe à 2^m,50 au dessus de l'Ambaine, entre en tranchée dans le plateau qui sépare ce ruisseau de ceux du gué des Muits et de Mirabel, qu'il franchit à 400^m à l'est de Ménétrol, et descend avec une pente de 0^m,0025 en suivant un seul alignement jusqu'en face du domaine de Cœur, où il passe à 7^m,02 en remblai sur le ruisseau de Pompignat qui borde le revers septentrional du col de Ladoux. Après avoir coupé le pied de cette montagne et remonté par une rampe de 0^m,0035 sur le plateau de Gerzat, on arrive au niveau du sol entre les domaines de la Vierge et de Batouin, à 700^m à l'ouest du bourg de Gerzat et à une demi-lieue à l'est de Cébazat. De là on se dirige sur Montferrand par un grand alignement de niveau raccordé par une courbe de 3,500^m avec celui qui règne depuis le col de Ladoux jusqu'à Riom. Après avoir touché le domaine de Portefaix, le tracé passe au pied de l'éminence sur laquelle est bâti Montferrand, sur le domaine de Moustier, près duquel une courbe de 1,000^m de rayon porte le tracé sur la ville de Clermont où l'on arrive avec une pente de 0^m,005 dans l'angle formé par la réunion des routes royales de Paris à Perpignan et de Lyon à Bordeaux. On a pris soin de ménager un palier horizontal de 200^m de longueur pour la gare de Clermont, dont le niveau à 6,98 en contrebas du sol sera raccordé avec celui de la route royale n° 9, au moyen d'une chaussée en rampe de 0^m,0375 sur 363^m.

La ville de Clermont est située sur une éminence qui sépare les vallées d'Herbet et de Royat, au milieu de l'hémicycle formé par les montagnes qui dominent et limitent de ce côté la vallée de l'Allier. La déclivité de cette éminence se prolonge assez avant dans la plaine, d'une manière insensible, il est vrai, parce que l'œil est trompé par les points de comparaison qui s'offrent à lui de tous côtés, mais telle cependant qu'entre le point de bifurcation des routes royales à l'entrée de Clermont, et la berge du ruisseau de Tirtaine, sous Montferrand, le nivellement a donné une différence de 24 mètres.

Cette disposition du terrain, en justifiant la rampe de 0^m,005 sur 1,888 avant d'arriver à Clermont, démontre suffisamment l'impossibilité de pousser la ligne plus avant vers la ville, à moins d'établir la gare à une grande profondeur au dessous du sol, ce qui ne serait pas sans inconvénients. L'embarcadère, situé à cent pas de la barrière de Paris, n'est éloigné que de 350^m de la place Delisle, du Boulevard et de la place d'Espagne.

Le service des voyageurs pourrait, dans tous les cas, être facilité par des omnibus, ou en utilisant les petites voitures publiques, pour lesquelles le chemin de fer ne serait pas d'ailleurs une cause de ruine, parce qu'elles ne pourront que se ressentir de la précieuse influence de l'entreprise qui ne tarderait pas à s'étendre sur des points circonvoisins où la circulation actuelle est presque nulle.

Le développement de la troisième section est de 39,129^m.

Le tracé est composé de dix alignements d'une longueur de 23,495^m raccordés par onze courbes, ayant ensemble 15,634^m de développement, et dont une seule a 1,000^m de rayon à l'arrivée de Clermont, et une autre 1,200^m sous Aubiat.

On arrive, au moyen d'une rampe de 0,004 sur 2,628^m, de Gannat au faîte de Montpensier; de ce dernier point jusqu'au domaine de Château-Gaillard, il n'existe pas de pente supérieure à 0,003. Là, on remonte le plateau de Gerzat, avec une rampe de 0^m,0035: quant à celle de 0^m,005, pour l'arrivée à Clermont, on pourrait l'adoucir par une rampe continue de 0^m,004, qui, commençant dans la plaine de Gerzat, obligerait de se maintenir dans cette plaine, en remblai de 2 à 4^m de hauteur.

La somme totale des parties de niveau ne s'élève qu'à 11,645^m, et celle des pentes à 27,484^m.

Quatrième Section.

La ligne destinée à mettre le haut Allier en rapport direct avec Clermont et la partie inférieure du bassin offre, à son origine, une longueur de 700^m, commune à la ligne qui vient d'être décrite.

A 622^m de l'embarcadère de Clermont, le tracé s'infléchit vers le sud, par une courbe de 900^m de rayon qui se termine à l'est des domaines de Brézet et de Mondésir, où vient se réunir une branche de raccordement, partant du domaine de Moustier, sous Montferrand, et destinée à assurer le service direct et sans interruption, entre Nevers et Brassac. Cette branche de raccordement entre les deux lignes a 1604^m de longueur, dont 1024^m de niveau.

La ligne principale, après avoir gagné, avec une pente de 0^m,005 le vallon d'Herbet, que l'on franchit sur un remblai de 7^m,54 de plus grande hauteur, rencontre, près du domaine de Montdésir, la route royale de Bordeaux à Lyon, qu'elle traverse par un viaduc de 5^m de hauteur sous clef. Le tracé passe ensuite à $9^m,05$ en déblai au pied du Puy de Crouelle, et à $2^m,48$ au dessus de la berge du ruisseau d'Artières, au delà duquel commence un alignement de $5,854^m$, dirigé vers le village du Cendre, presque parallèlement au chemin de Clermont à Vic-le-Comte, dans la plaine de Sarlièves, qu'il traverse sur un remblai de $4^m,44$ au plus, avec des pentes de $0^m,003$, entre lesquelles sont interposés des paliers horizontaux; cet alignement passe à 400^m à l'est du château de Sarlièves, et à $1,200^m$ à droite de Cournon.

A 250^m en aval du Cendre, le tracé franchit la petite rivière d'Auzon, se maintient de niveau sur le plateau étroit qui la domine, et, se repliant par une courbe de $3,000^m$, $2,200^m$ et $1,600^m$ de rayon contre les côteaux de Montséjour et d'Orcet, il commence à descendre vers la Monne, qu'il traverse sur un remblai de $7^m,39$ de plus grande hauteur, à l'extrémité aval des Martres de Veyre, d'où il se dirige vers l'Allier, pour le suivre jusqu'à l'entrée de la plaine d'Issoire.

C'est dans cette dernière partie, et sur $14,132^m$ de longueur, que se trouvent pour ainsi dire réunies toutes les difficultés sérieuses du projet, résultant des brusques sinuosités de la rivière, de la nature et de la disposition de ses rives presque constamment formées de coteaux escarpés et de rochers granitiques. On comprend que, forcé de suivre ses contours, et d'obéir à ses brusques sinuosités, on a dû nécessairement y adopter des courbes d'un rayon moindre que sur les autres parties de la ligne.

Entre les Martres de Veyre et Coudes, la rive droite, sur laquelle on avait songé primitivement à établir le tracé, offre un obstacle difficile à vaincre. C'est le passage de l'Anguille, où l'Allier, étroitement resserré entre le coteau escarpé de Parent et le contrefort granitique de la montagne de Montpeyroux dont le pied, en s'avançant dans la rivière, la force à un brusque détour, et par suite oblige le tracé à décrire une première courbe de 500^m de rayon, suivie d'une deuxième courbe de 250^m.

Le tracé qui comporte cette courbe exceptionnelle, après avoir traversé la Monne, contourne par une courbe de $1,000^m$ le contrefort oriental de la montagne de Corent devant laquelle l'Allier forme une large baie, où il traverse cette rivière à 100^m en aval du pont de Longue, sur un pont droit et de niveau de 100^m de débouché et de $6^m,25$ d'élévation au dessus des plus hautes eaux connues; ce pont, de deux arches de 50^m d'ouverture, serait construit dans le système de celui du Carrousel. Après la traversée de l'Allier, le projet monte avec une rampe de $0^m,005$ sur $2,132^m$, pour couper en tranchée de $15^m,68$, le bord du plateau élevé de Vic-le-Comte, et passant sous la route départementale n. 6, de Clermont à Ambert, il arrive en remblai à 8^m de hauteur moyenne au dessus de la petite plaine de Brolat. On pourrait diminuer beaucoup la profondeur de la dernière tranchée, en remplaçant la courbe de 900^m de rayon, tracé sur le plateau par une autre de 500^m, au moyen de laquelle on suivrait le bord de l'Allier. Atteignant ensuite le flanc des coteaux, le tracé coupe leurs contreforts ou se maintient en remblai dans leurs dépressions; puis adossé contre un rocher à pic devant le village de Lachaux, il suit par une courbe de 500^m le contour de l'Allier, et arrive au passage de l'Anguille que contourne la courbe de 250^m après laquelle il longe la rivière, moitié en déblai, moitié en remblai, contre les coteaux de Parent jusque devant le village de Coudes.

L'étude de ce tracé avait été faite dans la prévision que, par des expériences plus complètes, la science ne tarderait pas à résoudre les difficultés que présentent, à la marche rapide des convois, les courbes d'un faible rayon dont les chemins de fer offrent l'exemple en Amérique. Mais, comme jusqu'ici l'administration n'a pas cru devoir en autoriser l'emploi, et que la réalisation de l'entreprise ne peut rester subordonnée à une question problématique, dont on est cependant en droit d'espérer la solution, il était nécessaire de recourir à une autre combinaison pour résoudre la difficulté; c'est dans ce but que nous proposons, sur la rive opposée, une variante plus satisfaisante sous le rapport du tracé, mais dont l'exécution sera plus dispendieuse.

Ce tracé est raccordé au précédent, à 600^m en deçà du passage de la Monne; il contournerait en tranchée, par une courbe de 600^m de rayon, la montagne de Corent, et viendrait en face le pont de Longue joindre l'Allier sous les plâtrières de la montagne, sur la pente de laquelle il serait maintenu; il passerait au dessus des ruines de Chalus, et s'écartant ensuite de la rivière, pour diminuer la longueur du remblai sur lequel il faut traverser la plaine de Chaldieu, irait gagner, derrière le château de ce nom, le revers du coteau dont la disposition est bien plus favorable que celle de la rive droite; puis, s'éloignant encore de l'Allier par une courbe de 500^m en face le village de Lachaux, il traverserait le cap de l'Anguille par un souterrain de 650^m au plus de longueur, à la sortie duquel il franchirait la rivière sur un pont biais élevé de 15ᵐ au dessus de l'étiage, à 600ᵐ à l'aval de Coudes, pour ensuite se rattacher au tracé de la rive droite, sur la courbe de 500ᵐ, au moyen de laquelle on contourne le cap de Varennes. La continuation du tracé sur la rive gauche a été reconnue impraticable, à cause des insurmontables difficultés que présentait le passage du village de Coudes et surtout celui des rochers de Saint-Ivoine.

Le percement d'un souterrain à travers les rochers granitiques, la surélévation du pont jeté sur l'Allier, les travaux de terrassement pour les remblais de la plaine de Chaldieu, et pour les déblais dans les coteaux qui présentent de nombreuses anfractuosités, et surtout dans la montagne de Corent, seraient plus longs et plus dispendieux que les travaux exigés par le tracé de la rive gauche.

A la vérité, cet excédant de dépenses serait compensé par des avantages qui suffiraient grandement pour le motiver.

Ainsi, outre l'avantage d'éviter la courbe de 250ᵐ, la contre-pente de 0ᵐ,003 sur 1,666ᵐ par laquelle on descend de la cote 188ᵐ,06 à celle de 183ᵐ,06 vers la vallée de la Monne, serait supprimée, et le tracé partant de la cote 188ᵐ,06 monterait avec une rampe continue, qui n'excéderait pas 0ᵐ,0035, jusqu'au contrefort de l'Anguille, évitant ainsi la rampe de 0ᵐ,005 qui affecte le tracé de l'autre rive. Le niveau du chemin de fer à la sortie du tunnel de l'Anguille, se trouverait à 7ᵐ plus haut que le point correspondant du tracé de la rive gauche ; la tranchée de Varennes serait réduite à 10ᵐ,28 de profondeur maxima, au lieu de 17ᵐ,28, et en outre on pourrait établir toutes les courbes de 500ᵐ sur des paliers horizontaux. En rapprochant des coteaux le tracé au delà de Varennes, il sera facile, malgré la surélévation de 7ᵐ, de conserver aux terrassements la même importance.

La différence de longueur de ce tracé avec le premier n'est que de 50ᵐ ; l'excédant de la dépense de la variante proposée peut être évalué approximativement à 300,000 fr.

Après avoir contourné en tranchée le cap de Varennes, le tracé, remontant la vallée par une pente continue de 0ᵐ,002, suit les contours de la rivière par des courbes de 500ᵐ de rayon entre lesquelles on a ménagé des parties droites, autant que pouvaient le permettre ses nombreuses sinuosités, comme en amont de Coudes, devant Aubeyrat, Saint-Yvoine et le hameau de Bas.

En face de Saint-Yvoine, le chemin de fer serait établi, en rivière, en deux endroits, sur une longueur totale de 250^m, il serait garanti de l'atteinte des eaux par des murs de quai dont les fondations seraient établies sur le rocher et des enrochements; ces travaux n'offriraient aucune difficulté, l'Allier laissant à sec une partie de son lit pendant la moitié de l'année, et les matériaux se trouvant en abondance et à pied-d'œuvre.

La seconde traversée de l'Allier, pour entrer dans la plaine d'Issoire, a lieu à 500^m en aval du village de Pertus, après une courbe de 800^m, près du lieu dit le Gour-de-Blot, à l'extrémité Ouest du détour rapide par lequel la rivière pénètre dans les gorges, après avoir arrosé cette belle et vaste plaine.

L'Allier serait franchi à la côte 209^m,56 par un pont de 100^m de débouché, semblable au précédent, ayant 4^m de hauteur au dessus des plus hautes eaux connues.

Le tracé se dirige ensuite en ligne droite, avec une pente de 0^m,005 sur la ville d'Issoire, où l'on arrive au niveau du sol à la côte 223^m,06, après avoir traversé trois ruisseaux, au moyen de deux syphons et d'un pont aqueduc. L'embarcadère d'Issoire pourra être établi à 200^m au plus de la barrière de Clermont.

Après avoir longé à l'est les dernières maisons de la ville, le tracé franchit La Couze sur un pont de 20^m de débouché; il passe en tranchée sous la route départementale n° 3 d'Issoire à la Chaise-Dieu, à 5^{m}78 au contre-bas du sol, et se maintenant à l'horizontale sur 4,277^m, il côtoie la route royale n° 9, au pied de la montagne du Broc, depuis le domaine de Paix jusqu'à celui de Grezain qu'il laisse à droite pour se reporter avec une pente de 0^m,003 sur le Breuil, en passant entre les domaines de Médagne et de Cornon, et à droite de ceux de Brossel et de Couze.

Un embranchement d'une demi-lieue de longueur pourrait être dirigé sur Saint-Germain-Lembron en s'appuyant sur le coteau de Chauliat, pour arriver à l'entrée du pont sur la Couze.

Au dessus du Breuil, le tracé franchit la Couze de Saint-Germain, et, s'infléchissant à l'est par une courbe de 1,000^m, vient passer sous le château de Saint-Quentin; puis, par une seconde courbe de même rayon, sous le domaine de Saint-Blaise, à partir duquel il cotoie l'Allier, en se tenant au pied du coteau jusqu'à l'entrée de la vallée de l'Alagnon.

Après avoir traversé cette rivière près de son embouchure, sur un pont de

50^m d'ouverture, le tracé s'appuie sur le flanc des coteaux, traverse par une tranchée de 11^m,54 de profondeur, le coteau de la Roche, au delà duquel il est établi en remblai sur les grèves de l'Allier, s'infléchit ensuite par deux courbes de 800^m de rayon pour éviter le hameau de Théron, contre lequel il passe, et, se tenant toujours au coteau, parallèlement au chemin de Brassac, il arrive au port de Brassaget, au niveau du sol, sur un palier horizontal de 1,762^m.

D'Issoire à l'Alagnon, le chemin de fer serait établi à l'horizontale sur 9,563^m, et en rampe de 0^m003 sur 3,354^m. De l'Alagnon jusqu'au point d'arrivée, il est maintenu de niveau sur 3,368^m, et en pente de 0^m002 et 0^m0025 sur 1,750^m.

La longueur totale de cette section, formant la deuxième division du projet est de 51,752^m.

Depuis Clermont jusqu'à l'entrée des gorges, les courbes ont un rayon minimum de 1,000^m; de là jusqu'à la seconde traversée de l'Allier, 500^m seulement, abstraction faite de celle de 250^m que l'on évite par le second tracé; et enfin de ce dernier point jusqu'à Brassaget, 1,000^m, à l'exception des deux que nous avons indiquées au dessus du hameau de Théron, et qui ont 800^m de rayon.

Les courbes de 500^m offrent d'autant moins d'inconvénient qu'elles se trouvent réunies sur une faible distance, moindre de deux lieues, en adoptant le second tracé auquel, dans l'état actuel de l'industrie des chemins de fer, on devra nécessairement donner la préférence. Il sera toujours facile de modérer la vitesse des convois; et cette diminution de vitesse, uniforme sur une si faible longueur, n'augmentera que d'une manière insensible le temps des voyages.

La longueur totale des parties droites, au nombre de trente-quatre, est de 27,638^m, et celle des parties courbes par lesquelles les alignements sont raccordés, de 24,094^m.

La pente de 0^m,005 règne sur 5,956^m; celle de 0^m,0037 sur 2,445^m; les autres de 0^m,003 et au dessous, ont une longueur totale de 17,170^m; celle des parties de niveau est de 26,164^m.

En résumé, la longueur totale de la ligne, depuis Nevers jusqu'à Brassaget, est de 194,645^m.

Le développement du canal projeté n'était pas moindre de 220,000^m, depuis le confluent de l'Alagnon jusqu'au Bec-d'Allier ; et en y ajoutant l'excédant de longueur nécessaire pour desservir les deux points extrêmes auxquels aboutirait le chemin de fer, ce développement s'élèverait à 224,000^m.

La ligne proposée qui offre l'avantage d'être plus courte de deux lieues que la route royale, dessert de la manière la plus favorable les localités importantes entre lesquelles elle facilitera et activera les relations de toute nature.

Le projet se composant de beaux alignements, raccordés par des courbes d'un grand rayon, à l'exception de la partie comprise dans les gorges de l'Allier, où les sérieuses difficultés du terrain nous ont imposé l'obligation d'adopter des courbes d'un moindre rayon, et ne comportant pas de pentes supérieures à celle de 0^m,005, que l'on peut avoir la certitude de voir se réduire dans l'exécution, et qui d'ailleurs ne se présente que dans le sens des moindres transports, paraîtra sans doute avoir satisfait à toutes les conditions exigées dans l'établissement des chemins de fer.

On trouvera, à la fin de ce Mémoire, le tableau des pentes et celui des alignements et des courbes.

Il résulte de ces deux tableaux, que le tracé dont nous venons de donner la description, se compose de trente parties horizontales, huit pentes de trois millièmes au plus, et vingt-six rampes, dont la plus forte égale 0^m,005.

Les longueurs totales de ces diverses pentes, rampes et paliers horizontaux sont réparties ainsi qu'il suit :

Longueur totale des horizontales		80,687 mètres
. . . . » . . des pentes et rampes de	0.002	9,117
. . . . . . » . . . . » . . . . »	0.0025	12,025
. . . . . . » . . . . » . . . . , ...	0.003	40,375
. . . . . . » . . . . » . . . . »	0.0031	5,105
. . . . . . » . . . . » . . . . » . . . . ·	0.0035	2,079
. . . . . . » . . . . » . . . . »	0.0037	2,877
. . . . . . » . . . . » . . . . »	0.004	9,064
. . . . . . » . . . . » . . . . »	0.0045	20,118
. . . . . . » . . . . » . . . . »	0.005	18,727
Développement total du tracé proposé		198,172^m

Les alignements, au nombre de 97 , sont raccordés par 103 courbes de différents rayons , savoir :

1	Coube de 250ᵐ de rayon, ayant un développement de...	490ᵐ
8	.... 500	6,084
6	.... 800 à 1,000...............................	4,722
33	....1,000 à 1,500...............................	25,739
15	....1,500 à 2,000...............................	12,565
20	....2,000 à 2,500...............................	18,172
3	....2,500 à 3,000...............................	1,853
5	...3,000 à 3,500...............................	4,800
2	....3,500 à 4,000...............................	2,687
3	.... 4,000...............................	1,948
7	....5,000 à 8,000...............................	5,172

Les 97 alignements ont une longueur totale de........... 114,140

Développement total du tracé proposé.................. 198,172

Ces résultats seraient légèrement modifiés à l'avantage du projet , en substituant à la partie du tracé comprise entre les Martres et Coudes, les détails de la variante tracée sur la rive gauche. Ainsi, une des courbes de 500ᵐ et celle de 250ᵐ de rayon seraient remplacées par une seule courbe de 500ᵐ , et la rampe de 0ᵐ005 sur 2,113ᵐ de la rive droite, serait remplacée sur la rive gauche, par une rampe de 0ᵐ0035 au plus.

CHAPITRE V.

—

L'établissement du chemin de fer est projeté pour deux voies; cependant on n'en posera qu'une seule dans le principe, jusqu'au moment où l'activité des transports fera sentir la nécessité de la seconde.

C'est donc dans cette dernière hypothèse que l'on a dû établir l'estimation des dépenses, excepté pour la voie de fer. Ainsi les surfaces de terrain à acquérir, les cubes de terrassements et les dimensions des ouvrages d'art ont été calculés pour une double voie, à l'exception toutefois des coupures dans le rocher, et des remblais élevés compris dans les gorges de Coudes et de Saint-Yvoine, où l'on a jugé nécessaire de réduire, autant que possible, la largeur au couronnement du chemin de fer, de même que le souterrain de Montpeyroux, où cette largeur n'est portée qu'à 4^{m}50.

La dépense, d'après les tableaux d'estimation remis à l'administration, se résume ainsi :

I. *Indemnités de terrain.* La surface totale occupée par le chemin de fer et ses dépendances, est de 389 hect. 26 ar. 24 cent.

Les indemnités, dans laquelle figurent 176,447 fr. 90 cent., pour achat et dépréciation de propriétés bâties, s'élèvent à la somme de . . . . 2,550,000 fr. » c.

II. *Terrassements.* Le nivellement du chemin, dans un pays tel que l'Auvergne, forme, comme on devait

A reporter . . . . 2,550,000 »

Report....... 2,550,000 fr. » c.

s'y attendre, une partie importante du capital d'exécution.

La dépense s'élève, y compris 174,841 fr. pour
percement du tunnel de Montpeyroux, et 91,003 fr.
53 c. pour creusement d'un bassin de garage et de
stationnement sur le canal latéral à la Loire, à 6,463,193 51

Pour s'expliquer le peu d'importance de la somme
de 91,003 fr. 53 c., il faut remarquer qu'une partie
du déblai du bassin est utilisée dans le remblai de la
plaine de Nevers.

On pourrait obtenir une notable économie sur la
dépense des terrassements en réduisant la largeur
du chemin de fer à celle nécessaire pour une seule voie
dans les fortes tranchées et les remblais élevés, tels
que ceux de la vallée de la Colâtre, d'Aigueperse, etc.

III. *Travaux d'art.* Les principaux ouvrages d'art
consistent en trois ponts sur l'Allier, dont un, près de
Moulins, a 260ᵐ de débouché, et les deux autres 100ᵐ,
un pont sur la Sioule, de 90ᵐ de débouché, sept autres
ponts pour la traversée de rivières moins importantes,
et un pont tournant sur le canal latéral à la Loire.

Les autres ouvrages comprennent :

1° Cinquante-deux ponts au dessus du chemin de
fer, sept pour les routes royales, deux pour les routes départementales, et quarante-trois pour les chemins vicinaux.

2° Cinquante-huit viaducs, dont trois sur des routes royales et cinquante-cinq sur des chemins vicinaux.

3° Cinquante-six pontceaux, un pont-aqueduc sous
un ruisseau, trois syphons, vingt-quatre aqueducs et

A reporter....... 9,013,193 51

Report....... 9,013,193 51

enfin cent quarante-deux traversées à niveau de chemins vicinaux et d'exploitation.

4° Les murs de soutènement dans les gorges de l'Allier, les perrés de défense des remblais sur les rives de
l'Allier et au passage des rivières, et les murs de
quai du bassin du canal.

La dépense de ces ouvrages s'élève à............ 6,681,850 45

IV. *Voies en fer.* La longueur totale des voies sim-
ples à établir, en y comprenant les gares d'évitement
et les embarcadères, est de 207,635ᵐ.

La dépense, pour cet objet, y compris les tourne-
voie, croisements de voies et les plateformes tour-
nantes, s'élève à............................ 9,466,375 ,

V. *Pour détournement de chemins,* sur une longueur
totale de 8,500............................ 42,500

VI. *Clôtures et barrières*.................. 871,688 »

VII. *Bâtiments d'exploitation.* Ateliers de répara-
tion, maisons de gardes, etc................... 1,500,000 »

VIII. *Matériel d'exploitation*.............. 1,885,000 »

Total.......... 29,460,606 96
Sommes à valoir pour dépenses imprévues, 1/10.. 2,946,060 69

32,406,667 65
Frais d'étude, de conduite et de surveillance des
travaux et dépenses antérieures à la concession.... 1,593,332 35

Total général des dépenses nécessaires à la mise en
exploitation du chemin de fer proposé.......... 34,000,000 »

CHAPITRE VI.

La célérité dans les transports est, comme nous l'avons déjà fait observer, l'un des principaux besoins du commerce. Si cette assertion avait besoin d'être justifiée, il suffirait de faire remarquer l'énorme participation du roulage dans le mouvement commercial, sur les lignes de Paris à Rouen et au Havre, de Paris à Lille, à Orléans et à Nantes, où il existe des communications par eau, faciles et économiques ; nous ne disons pas entre Nevers et Clermont, parce que les inconvéniens de la navigation assurent une prédominance constante aux transports par terre.

A égalité de prix, un chemin de fer ne pourrait donc manquer d'attirer à lui la presque totalité des marchandises qui se transportent du midi au nord, et réciproquement dans le bassin de l'Allier ; mais il faut reconnaître aussi que pour atteindre tous les résultats que l'on a droit d'attendre, il faut encore satisfaire à une autre condition non moins essentielle que la célérité, celle de l'économie.

Cette économie doit s'appliquer surtout aux marchandises qui ont une concurrence à subir sur les marchés ; telles sont, sur la ligne qui nous occupe, les transports à la descente, dont près de la moitié environ s'opère par l'Allier ; mais comme il y a impossibilité pour un mode quelconque de communication, d'effectuer les transports à meilleur marché que la navigation naturelle en descente, il faut que le tarif permette de lutter avec elle, et offre par conséquent des prix qui ne soient pas supérieurs à ceux qui existent, pour que l'économie puisse résulter au moins de la promptitude du voyage , de l'exactitude dans les envois et de la permanence des moyens de transport, par lesquels on n'aurait plus à redouter ces avaries et ces pertes qui grèvent le commerce et retombent sur le consommateur.

Cette considération importante a déterminé les bases que nous proposons. Ainsi l'on a placé dans la catégorie des marchandises de première et de deuxième classe, les denrées d'exportation, et dans la première, les houilles, les vins, les fruits, les granits , laves, etc., qui se transportent , dans l'état actuel , par la navigation. Les objets compris dans la troisième classe font partie des denrées d'importation.

Quant aux transports par le roulage, la réduction des frais pouvait s'établir sur de larges proportions. Elle est, en moyenne, de la moitié des dépenses actuelles; mais, autant pour favoriser les exportations du département de l'Allier supérieur , qui provoquent la création de cette ligne, que pour satisfaire aux charges de l'entreprise , le tarif a été combiné de manière que les frais de transport en remonte puissent offrir à la compagnie une compensation des sacrifices qu'elle doit nécessairement s'imposer pour les transports en descente.

Le tarif des voyageurs, conforme à celui du chemin de fer de Paris à Orléans, serait le même dans les deux sens.

TARIF.	FRAIS DE TRANSPORT					
	A LA DESCENTE.			A LA REMONTE.		
	Péage.	Transport	Total.	Péage.	Transport	Total.
	F. C.	F. C.	F. C.	F. C.	F. C.	F. C.
1° VOYAGEURS, par tête et par kilomètre, non compris l'impôt dû au trésor sur le prix des places.						
1re Classe. Sur voitures couvertes et fermées à glaces, suspendues sur ressorts..........................	0.05	0.025	0 075	0.005	0.025	0.075
2e Classe. Sur voitures découvertes, mais suspendues sur ressores	0.03	0.02	0.05	0.03	0.02	0.05
2° BESTIAUX, par tête et par kilomètre :						
Bœufs, vaches, taureaux, chevaux, mulets, bêtes de trait..............	0.06	0.04	0.10	0.06	0.04	0.10
Veaux, porcs, moutons, brebis, chèvres.	0.01	0.01	0.02	0.01	0 01	0.02
3° MARCHANDISES, par tonne et par kilomètre :						
Houille.....................	0.075	0.025	0.10	0.075	0.045	0.12
1re Classe. Vins, fruits, pierres à chaux et à plâtre, moellons, meulières, granits, laves, cailloux, sables, argiles, tuiles, briques, ardoises, pavés et matériaux de toute espèce pour la construction et la réparation des routes...... ..	0.075	0.025	0.10	0.10	0.05	0.15
2e Classe. Blés, grains, farines, fourrages, chaux et plâtre, minerais, coke, charbon de bois, bois à brûler, perches, chevrons, planches, merrains, madriers, bois de charpente, marbres, blocs, pierres de taille, bitumes, fonte brute, fer en barres et en feuilles, plomb en saumon......................	0.095	0.035	0.12,	0.105	0.055	0.16
3e Classe. Vinaigres, eaux-de-vie et spiritueux, huiles, cotons, lainages, bois de menuiserie et d'ébénisterie, de teinture, exotiques et autres, sucres, cafés, drogueries, épiceries, denrées coloniales, objets manufacturés.	0.105	0.335	0.14	0.11	0.06	0.17
OBJETS DIVERS.						
Voitures sur plateforme...........	0.15	0.06	0.21	0.18	0.10	0.28
Wagon, charriot, ou autre voiture destinée au transport sur le chemin de fer, y passant à vide, et machines locomotives sans convoi..............	0.08	0.08	0.12	0.105	0.075	0.18

En appliquant aux marchandises et aux voyageurs le tarif ci-dessus, on aurait pour frais de transport sur toute l'étendue de la ligne :

		A la descente.		A la remonte.	
1° Voyageurs... {	1re classe	14 fr. 63 c.		14 fr. 63 c.	
	2e id·	9	75	9	75
2° Houille		19	50	23	40
5° Marchandises. {	1re classe	19	50	29	25
	2e id.	23	40	31	20
	3e id	27	50	35	15

Ainsi, en prenant la moyenne du péage affecté aux marchandises de deuxième et de troisième classe qui, dans l'état actuel, emploient la voie du roulage, soit 25 fr. 35 c. à la descente, et 31 fr. 20 à la remonte, le chemin de fer offrirait une économie

Sur le roulage ord. de 50 p. 100 à la descente. 38 p. 100 à la remonte.

    id. accéléré 78 73

    Les diligences... 81 76

Quant aux denrées d'exportation qui suivent la voie de la navigation, les prix restant les mêmes, il y aurait dès lors concurrence, mais concurrence à l'avantage du chemin de fer, et cela n'a pas besoin d'être démontré.

Pour les voyageurs, la réduction sur le prix des places par les voitures qui font le service actuel serait peu sensible, il est vrai, parce que ces prix sont faibles, eu égard à l'active circulation qui existe ; mais comme le trajet est soumis à des lenteurs auxquelles ne remédie pas l'organisation des services, il en résulte une perte de temps considérable, et des dépenses accessoires qui augmentent beaucoup les frais du transport, tandis que par le chemin de fer, on pourra faire le voyage de Clermont à Nevers, aller et retour, en moins de temps que l'on en met aujourd'hui pour se rendre à Moulins.

On pourrait ainsi aller de Nevers à Moulins en......... 1 h. 1/2

                   Moulins à Clermont......... 3

                   Clermont à Issoire.... 1   1/4

Enfin, la ligne entière pourrait être parcourue en une demi journée, en y comprenant le temps nécessaire aux stations.

En supposant l'ouverture d'une ligne d'Orléans à Nevers, qui mettrait

Clermont en communication avec Paris, par une voie de fer continue, le trajet depuis Clermont jusqu'à Paris, pourrait être effectué en 12 heures pour les voyageurs, au lieu de 55 heures, temps employé aujourd'hui dans la meilleure saison, et en deux jours au plus pour les marchandises qui mettent aujourd'hui douze jours par le roulage et un mois par la navigation

Dans le cas même où la communication avec Paris devrait s'effectuer par les diligences, entre Nevers et Orléans, le temps du voyage ne dépasserait pas 26 heures, y compris 1 heure 1/2 pour les changement de voiture et et temps d'arrêt, ce qui offrirait, sur la durée actuelle du trajet, dans la circonstance la plus favorable, aussi bien que sur le prix du transport, une économie de plus de moitié.

CHAPITRE VII.

D'après les considérations qui précèdent, il est hors de doute que le mouvement commercial qui s'opère sur l'Allier et sur la route royale, à la descente comme à la remonte, se portera sur le chemin de fer ; on peut, avec d'autant plus de raison, considérer la masse des transports actuels, comme équivalente à la circulation qui doit avoir lieu, que l'on ne tient aucun compte des résultats que produira l'ouverture d'une communication si avantageuse au commerce.

Une des causes qui agiront puissamment sur l'augmentation du tonnage et sans aucun doute le développement que recevront les exploitations houillères, sur lesquelles le chemin de fer doit exercer immédiatement une immense influence.

Les frais de transport d'un hectolitre comble de houille coûteront, aux principaux points de consommation :

1° Pour celle de Brassac: 0 fr. 55, à Issoire; 0 fr. 52, à Clermont; 0 fr. 66, à Riom et 0 fr. 79 à Aigueperse.

2° Pour celle du Montet, à partir de la mine : 0 fr. 33, à Saint-Pourcain; 0 fr. 58, à Gannat.

3° Pour celle de Fins : 0 fr. 51, depuis Moulins jusqu'à Nevers, ou 0 fr. 75 environ, depuis l'origine du chemin de fer destiné à cette exploitation.

La moyenne du tonnage actuel s'élève :

A la descente, par la navigation. . . . . 47,679 t. } 96,679
— —   par le roulage. . . . . 49,000 }

Soit déduction faite des expéditions par eau destinées aux ports intermédiaires de l'Allier à. 89,000

A la remonte, par le roulage exclusivement. 54,000

Total. 143,000

Quant aux voyageurs, l'on sait par les résultats d'une expérience récente qu'il serait superflu de reproduire ici, que la circulation, sur un chemin de fer destiné à remplacer le service des diligences, dépasse toutes les prévisions. Sans parler de ceux de Liverpool à Manchester, de Bruxelles à Anvers, de Paris à Saint-Germain, etc, on peut dire que la circulation a le plus souvent décuplé comme entre Lyon et Saint-Etienne; mais, pour n'établir que des évaluations inférieures à la réalité, nous nous bornerons à porter à une fois et demi en sus de celui qui existe actuellement le nombre des voyageurs par lequel sera parcourue la ligne de Nevers à Brassac, destinée à desservir tant de points importants.

Le nombre des places offertes maintenant à la circulation par les voitures publiques, représente, comme nous l'avons dit plus haut, une masse de 100,000 voyageurs parcourant toute la distance. Si l'on objectait que ceux de Lyon ne prendraient pas le chemin de fer tant qu'il existerait une lacune entre Nevers à Orléans, on pourrait réduire ce nombre à 90,000, quoique l'on sache que, pendant une grande partie de l'année, les moyens de transport sont insuffisants. Ainsi, au moyen de la faible augmentation que nous supposons devoir s'établir dans la circulation sur le chemin de fer, on aurait, pour le parcours entier de la ligne, 225,000 voyageurs.

Les produits se résumeront donc ainsi :

MARCHANDISES.

1° *A la descente.* 40,000 tonnes, suivant actuellement la voie de la rivière, et imposées comme de première classe à 0 fr. 10 par tonne et par kilomètre, ou, pour la distance entière, 19 fr. 50.
soit.................................... 780,000 fr.

49,000 tonnes livrées au roulage, imposees au prix moyen de 0 fr. 13, ou 25 fr. 35 soit. 1,242,150

2° *A la remonte.* 54,000 tonnes, transportées exclusivement par le roulage, et imposées au prix moyen de 0 fr. 16, ou 31 fr. 20,
soit.................... 1,684,800

3,706,950 fr.

A reporter.. 3,706,950 fr.

Report. . 5,706,950 fr.

VOYAGEURS.

225,000 voyageurs parcourant la distance
entière, dont :

    1/5 ou 55,000 de 1re classe, à 0 fr. 075...   658,350 fr. }

    4/0 ou 180,000 de 2e classe, à 0 fr. 05.... 1,755,000 } 2,413,350

BESTIAUX.

Pour mémoire...... ....   »

          Total du produit brut....   6,120,300 fr.

Les dépenses annuelles comprendront :

1° Frais d'administration, de perception et
d'entretien, évalués par M. l'ingénieur en chef
Vallée, d'après les résultats obtenus en Bel-
gique, à 3 fr. par mètre courant, soit, pour
198,172 mètres de voie simple...........   594,516

2° Frais de locomotion, savoir :

Pour les marchandises à 0 fr. 04 par tonne
et par kilomètre, soit, pour 143,300 tonnes.. 1,115,400 fr. }

Pour les voyageurs à 0 fr. 02 par tête et
par kilomètre, soit, pour 225,000 voyageurs. 1,700,000 } 2,815,400 fr.

3° Intérêts à 5 p. 100 du capital d'exécution ,.............................   1,700,000

        Total des frais annuels......   4,287,416 fr.

Le produit brut étant de.............. 6,120,300 fr.

Et les frais annuels de................ 4,287,416

Il en résulte un bénéfice net de........ 1,832,884

Ainsi, dans l'état actuel du mouvement commercial et dans l'hypothèse
d'une légère augmentation de la circulation des voyageurs, l'entreprise offrirait un bénéfice certain de 10 p. 100, qui pourrait être réalisé dès les premiers instants de la mise en circulation.

L'utilité publique de l'entreprise ne saurait être contestée, et ce serait paraître douter de la raison publique, que d'ajouter aux considérations développées dans le cours de ce mémoire.

On n'a plus à redouter aujourd'hui les obstacles que quelques localités, en arrière des progrès industriels et aveugles sur leurs propres intérêts, ont tenté d'opposer, il n'y a pas long-temps encore, à l'ouverture de communications qui devaient entraîner, dans le principe, quelques changements de positions et d'habitudes ; mais qui ont été en réalité la cause de leur bien-être et le soutien de leur industrie.

On est trop généralement instruit maintenant des avantages qu'entraîne avec elle une des plus hautes applications de la science à l'industrie, pour ne pas comprendre ce que peut réaliser une entreprise qui doit porter la vie sur une étendue de territoire si riche et si peuplée, et dans laquelle les intérêts particuliers se trouvent, dans de larges proportions, conciliés avec l'intérêt général.

C'est donc avec confiance que nous soumettons à l'examen du pays et à l'approbation du gouvernement les résultats d'une étude laborieuse, dans laquelle nous avons été encouragés par la bienveillance et les conseils des esprits éclairés qui ont accueilli avec un honorable empressement l'idée d'un chemin de fer, comme le seul moyen de conjurer la ruine des départements du centre, et de leur fonder un avenir de richesse et de prospérité.

Paris, le 5 août 1838.

Signé Victor REYTIER et Cⁱᵉ.

N° 1.

TABLEAU DE LA NA

PENDANT UNE P

de M

ANNÉES.	BATEAUX DE 1re CLASSE.				BATEAUX DE 2e CL		
	NOMBRE.	MARCHANDISES SUJETTES A LA TAXE		TONNAGE	NOMBRE.	MARCHANDISES SUJETTES A LA TAX	
		Supérieure	Inférieure.	Total.		Supérieure	Inférieur
	T.	T.	T.	T.		T.	T.
1re PARTIE ENTRE BRASSAC ET MOULINS (*Bureau de Moulins.*)							
1827	1,844	3,625	42,475	46,100	22	165	165
1828	1,336	6,725	27,175	33,800	4	45	15
1829	1,493	6,475	30,850	37,325	4	15	45
1830	1,466	12,125	24,525	36,650	4	15	45
1831	1,112	7,150	20,650	27,800	4	45	15
1832	1,227	15,025	16,650	30,675	6	15	75
1833	1,375	9,350	25,815	35,165	10	60	90
1834	1,586	6,959	25,243	32,202	11	58	74
1835	1,202	4,218	27,834	32,052	6	14	40
1836	1,332	4,554	30,346	34,900	9	55	106
TOTAL. . . .	13,893	76,206	271,563	347,769	80	487	67
Moyenne des dix années.	1,389	7,620	27,156	34,776	8	48	6
2e PARTIE ENTRE MOULINS ET LE BEC D'ALLIER (*Bureau du Bec d'Allier.*)							
1827	1,478	3,600	32,950	36,550	4	60	»
1828	1,561	6,675	32,150	38,825	16	135	10
1829	1,850	6,250	40,000	46,250	9	45	9
1830	1,466	12,125	24,525	36,650	4	15	4
1831	1,249	6,110	25,115	31,225	22	120	21
1832	1,263	12,650	18,925	31,575	12	75	10
1833	1,409	7,450	27,775	35,225	20	105	19
1834	2,073	8,004	37,543	45,547	29	189	13
1835	1,556	8,077	48,915	56,992	27	330	25
1836	1,551	8,085	44,643	52,728	42	380	23
TOTAL. . . .	15,456	79,026	332,541	411,567	185	1,454	1,37
Moyenne des dix années.	1,545	7,902	33,254	41,156	18	145	13

	BATEAUX DE 3e CLASSE.			BATEAUX DE 4e CLASSE.		BATEAUX DE TOUTES CLASSES.				OBSERVATIONS.
NOMBRE.	MARCHANDISES SUJETTES A LA TAXE		TONNAGE	NOMBRE.	MARCHANDISES SUJETTES A LA TAXE Inférieure.	NOMBRE.	MARCHANDISES SUJETTES A LA TAXE		TONNAGE	
	Supérieure	Inférieure	Total.				Supérieure	Inférieure	Total.	
	T.	T.	T.		T.	T.	T.	T.	T.	
38	84	372	456	39	78	1,943	3,874	43,090	46,964	Les marchandises assujetties à la taxe supérieure, en vertu de la loi du 30 floréal an 10, sont :
10	72	48	120	56	112	1,426	6,842	27,350	34,192	
24	156	132	288	81	162	1,602	6,646	31,189	37,885	Les vins, les fruits, les fers, fontes, etc.
35	276	44	320	91	182	1,596	12,416	24,796	37,212	
36	312	48	360	103	206	1,255	7,507	20,919	28,426	Celles comprises dans la taxe inférieure, sont : les charbons
32	324	60	384	60	120	1,325	15,364	16,905	32,269	de terre et de bois, les fumiers
17	180	24	204	86	172	1,488	9,590	26,101	35,691	et engrais, les marbres, laves
8	27	28	55	45	90	1,650	7,044	25,435	32,479	et plâtres et autres matériaux,
3	8	16	24	28	56	1,239	4,240	27,946	32,186	les minerais et les bois de charpente.
2	10	12	22	69	138	1,312	4,619	30,602	35,221	
205	1,449	784	2,233	658	1,316	14,836	78,142	274,333	352,475	
20	144	78	223	65	1,131	1,483	7,814	27,433	35,247	
27	216	108	324	55	110	1,564	3,876	33,168	37,044	
31	108	264	372	28	56	1,636	6,918	32,575	39,493	
40	72	408	480	32	64	1,931	6,367	40,562	46,929	
35	276	44	320	91	176	1,596	12,416	24,796	37,212	
35	144	276	420	26	52	1,332	6,374	25,653	32,027	
25	120	180	300	39	78	1,339	12,845	19,288	32,133	
30	132	228	360	32	64	1,491	7,687	28,262	35,949	
49	140	205	345	157	314	2,308	8,333	38,198	46,531	
31	166	202	368	146	292	1,760	8,573	49,664	58,237	
23	79	112	191	223	418	1,839	8,544	45,407	53,951	
326	1,453	2,027	3,486	829	1,624	16,796	81,933	337,567	419,500	
32	145	202	348	82	162	1,679	8,193	33,756	41,950	

TABLEAU DE LA CIRCULATION DES VOYAGEURS

ENTRE LES POINTS QUE DOIT DESSERVIR LE CHEMIN DE FER.

1° PAR LES VOITURES PUBLIQUES EN SERVICE RÉGULIER.

PRINCIPAUX points de passage.	INDICATION DES SERVICES.	NOMBRE DES DÉPARTS par jour.	NOMBRE DES PLACES DISPONIBLES.			TOTAL.	OBSERVATIONS.
			par départ.	par jour.	par an.		
de Nevers à Moulins.	Messageries royales de Paris à Lyon. . . .	2 (retour compris)	16	64	23,360	59,131	
	— générales id. . . .	Id.	16				
	— Marseillaises..	Id.	13	36	9,490		
	— royales de Paris à Clermont.. . . .	Id.	16	64	23,360		
	— générales id. . . .	Id.	16				
	Service direct de Nevers à Moulins	Id.	4	8	2,920		
de Moulins à Gannat.	Messageries roy. et gén. de Paris à Clermont.	Id.	4	64	23,360	44,165	On suppose avec raison que les voyageurs pour Cusset et Vichy prendront le chemin de fer jusqu'à Gannat.
	Service direct de Moulins à Clermont . . .	Id.	12	24	8,760		
	— d'été id. . . .	Id.	12	12	4,380		
	— de Moulins à Cusset.	1 (pour six mois).	6	6	1,095		
	— id. Vichy.	2 (retour compris)	9	18	6,570		
de Gannat à Riom.	Messageries roy. et gén. de Paris à Clermont.	Id.	»	64	23,360	36,500	
	Service direct de Moulins à Clermont . . .	Id.	»	24	8,760		
	— d'été.	Id.	»	12	4,380		
de Riom à Clermont.	Messageries roy. et gén. de Paris à Clermont.	Id.	»	64	23,360	117,260	On n'a compris les places offertes par les Messageries françaises que sur la distance comprise entre Riom et Clermont, bien que le chemin de fer puisse s'attribuer la moitié des voyageurs qui prennent ces voitures.
	— françaises id.	Id.	16	32	11,680		
	Service direct de Moulins à Clermont . . .	Id.	»	24	8,760		
	— d'été.	Id.	»	12	4,380		
	Services directs de Riom à Clermont . . .	Id.	8	192	69,080		
de Clermont à Issoire.	Service de Clermont à Montpellier.	Id.	9	18	6,570	39,705	Non compris les voyageurs de Vic-le-Comte, Billom, etc. qui suivront la même route jusqu'aux Martres de Veyre.
	Id pour 6 mois	Id.	9	9	3,885		
	— de Clermont au Puy.	Id.	9	18	6,570		
	— de Clermont à Issoire	8	9	72	26.280		
d'Issoire à la limite de la H.-et-Loire.	Services de Clermont à Montpellier et au Puy.	2	»	45	16,425	20,700	
	— d'Issoire à Brioude	Id.	6	12	3,180		
	— id. à Ardes..	Id.	3	3	1,095		

	NOMBRE des ENTREPRENEURS	NOMBRE DES VOITURES OU PATACHES						NOMBRE TOTAL des places.
		à 2 places	à 3 places	à 4 places	à 5 places	à 6 places	à 8 places	
A Nevers..........	50	11	»	48	1	»	8	283
Moulins.........	46	1	»	80	»	»	»	322
Gannat.........	35	6	»	46	»	3	»	214
Riom..........	20	5	8	21	»	1	»	124
Clermont........	47	6	2	19	»	1	6	148
Issoire...........	29	2	1	1	»	1	»	17
Brioude, etc.......	26	3	5	10	»	»	1	69
	253	34	16	225	1	6	15	1,177

On peut raisonnablement admettre que sur le nombre des places disponibles :

1° A Nevers, un tiers seulement sert à la circulation de Nevers à Moulins et au dessus, soit   95

2° A Moulins, les deux tiers sont journellement employées dans les deux sens de la route.   214

3° A Gannat,   idem.   142

4° A Riom,   idem.   82

5° A Clermont,   idem.   98

6° A Issoire et Brioude, 20 places seulement.................................... 20

                               Total.............. 651

Ce qui revient à dire que, sur 1177 places, moitié environ est continuellement occupé dans les deux sens de la route, entre Nevers et la limite de la Haute-Loire. Cette hypothèse est loin d'être au dessus de la réalité, quand on considère l'activité de la circulation, que l'on a vu comment ces voitures dites pataches sont utilisées par ceux qui exploitent ce mode de transport, et que l'on connaît le montant des émigrations qui ont lieu chaque année dans les départements de la Haute-Auvergne.

651 voyageurs par jour forment un total de 236,115. En supposant que chacun d'eux ne fasse en moyenne que 10 lieues par 24 heures, on aura pour le parcours entier de la ligne une circulation annuelle de.. 48,545 voyageurs.

La circulation des voitures publiques en service régulier, est représentée, d'après le calcul des distances parcourues, par une masse de...... 49,339

                                           97,874

Soit en totalité, y compris la circulation entre les divers points dont on n'a pu se rendre compte d'une manière positive................. 100,000

TABLEAU

DES PENTES ET DES RAMPES.

INDICATION des PARTIES DU CHEMIN.	PENTES par mètre.	RAMPES par mètre.	PENTES totales.	RAMPES totales.	LONGUEURS DES		
					PENTES.	RAMPES.	HORIZON-TALES.
PREMIÈRE PARTIE. — DE NEVERS A CLERMONT-FERRAND.							
	M.	M.	M.	M.	M.	M.	2,046 M.
	»	0,004	»	3,54	›	886	›
Depuis le pont de Ne-	»	»	›	›	»	»	50
vers jusqu'à l'entrée	›	0,004	›	6,45	»	1,612	»
dans la vallée de la	»	›	›	›	›	»	3,282
Colâtre , près Uxe-	»	0,002	»	2,00	»	1,000	›
loup.	»	»	»	›	›	»	4,889
	»	0,003	»	9,54	›	3,181	›
Dans la vallée de la Co-							
lâtre jusqu'au domai-							
ne de Crot-Maçon.	»	0,005	»	54,41	›	10,883	»
	»	»	›	›	›	›	7,416
Depuis le domaine de	0,003	»	18,64	›	6,213	›	›
Crot-Maçon , jusqu'à	»	»	»	›	»	»	3,325
Moulins.	0,003	»	18,23	›	6,076	»	›
	»	»	»	›	›	›	5,713
	»	0,0025	›	6,84	›	2,738	›
	»	»	»	›	›	›	9,406
De Moulins à St.-Pour-	»	0,003	»	7,90	»	2,634	›
çain.	»	»	»	›	›	›	2,797
	›	0,003	›	9,01	›	3,004	»
	»	›	»	›	›	›	775
	»	0,0031	»	9,63	»	3,105	»
A REPORTER....	›	›	36,87	109,32	12,289	29,043	39,699

INDICATION des PARTIES DU CHEMIN.	PENTES par mètre.	RAMPES par mètre.	PENTES totales.	RAMPES totales.	LONGUEURS DES		
					PENTES.	RAMPES.	HORIZON-TALES.
SUITE DE LA PREMIÈRE PARTIE.							
	M.	M.	M.	M.	M.	M.	M.
Report....	»	»	36,87	109,32	12,89	29,043	39,699
	»	»	»	»	»	»	1,072
	»	0,0025	»	6,00	»	2,400	»
De St.-Pourçain à Gannat.	»	0,0045	»	33,73	»	7,496	»
	»	»	»	»	»	»	558
	»	0,0045	»	56,80	»	12,622	»
	»	»	»	»	»	»	528
De Gannat à Montpensier	»	0,004	»	26,27	»	6,566	»
De Montpensier à la traversée de la Morge.	0,0025	»	6,55	»	2,621	»	»
	»	»	»	»	»	»	1,193
	0,003	»	24,77	»	8,259	»	»
De la Morge à Riom.	»	»	»	»	»	»	6,059
	»	0,002	»	1,89	»	947	»
	»	»	»	»	»	»	435
De Riom au ruisseau de Pompignat.	0,0025	»	8,17	»	3,266	»	»
	»	»	»	»	»	»	765
Du ruisseau de Pompignat à Clermont-Ferrand.	»	0,0035	»	7,28	»	2,079	»
	»	»	»	»	»	»	2,993
	»	0,003	»	5,57	»	1,858	»
	»	0,005	»	9,44	»	1,888	»
	»	»	»	»	»	»	200
Totaux...	»	»	76,36	256,30	26,435	64,899	53,502

Longueur de la 1re partie, de Nevers à Clermont-Ferrand.   144,836 M.

INDICATION des PARTIES DU CHEMIN.	PENTES par mètre.	RAMPES par mètre.	PENTES totales.	RAMPES totales.	LONGUEURS DES		
					PENTES.	RAMPES.	HORIZONTALES
DEUXIEME PARTIE. — DE CLERMONT A BRASSAC.							
	M.	M.	M.	M.	M.	M.	M.
De Clermont à la vallée d'Herbet	0,005	»	5,62	»	1.142	»	»
Depuis la traversée de la vallée d'Herbet jusqu'à 1000 mèt. avant l'Auzon.	»	0,0037	»	9,05	»	2.445	»
	»	»	»	»	»	»	1,025
	»	0,003	»	6,00	»	2,000	»
	»	»	»	»	»	»	2.292
De l'Auzon à la traversée de l'Allier sous Corent.	0,003	»	3,00	»	1,000	»	»
	»	»	»	»	»	»	1,921
	0,003	»	5,00	»	1,666	»	»
	»	»	»	»	»	»	3,298
De la traversée de l'Allier au hameau de Brolat.	»	0,005	»	10,66	»	2,132	»
Du hameau de Brolat au passage de l'Allier, à l'entrée de la plaine d'Issoire.	»	»	»	»	»	»	4,580
	»	0,002	»	12,84	»	6,420	»
	»	0,003	»	3,00	»	1,000	»
	»	»	»	»	»	»	114
De l'Allier à Issoire.	»	0,005	»	13,50	»	2,700	»
D'Issoire au passage de l'Alagnon.	»	»	»	»	»	»	4,313
	»	0,003	»	10,00	»	3,334	»
	»	»	»	»	»	»	5,250
A REPORTER....	»	»	13,62	65,05	3,808	20,031	22,793

INDICATION des PARTIES DU CHEMIN.	PENTES par mètre.	RAMPES par mètre.	PENTES totales.	RAMPES totales.	LONGUEURS DES		
					PENTES.	RAMPES.	HORIZON-TALES.

SUITE DE LA DEUXIÈME PARTIE.

INDICATION des PARTIES DU CHEMIN.	M.	M.	M.	M.	M.	M.	M.
Report....	»	»	13,62	65,05	3,808	22,793	20,031
De l'Alagnon à Brassaget.	»	0,002	»	1,50	»	750	»
	»	»	»	»	»	»	1,606
	»	0,0025	»	2,50	»	1,000	»
	»	»	»	»	»	»	1,762
Totaux...	»	»	13,62	69,05	3,808	21,781	26,161

Longueur de la 2me partie, de Clermont à Brassac. . . 51,732

LIGNE DE RACCORDEMENT ENTRE LES DEUX PARTIES DU PROJET.

INDICATION des PARTIES DU CHEMIN.	M.	M.	M.	M.	M.	M.	M.
Entre Montferrand et le domaine de Montdésir.	»	0,003	»	0,43	»	148	»
	»	»	»	»	»	»	1,024
	»	0,0037	»	1,60	»	432	»
Totaux...	»	»	»	2,03	»	580	1,024

Longueur de la ligne de raccordement. . . 1,604

(N° 4.)

TABLEAU

DES ALIGNEMENS ET DES COURBES.

INDICATION des PARTIES DU CHEMIN.	PARTIES DROITES		PARTIES COURBES.			DÉSIGNATION des LIEUX PRINCIPAUX.
	NUMÉROS des DROITES.	LONGUEURS des DROITES.	NUMÉROS des COURBES.	DÉVELOPP^s. des COURBES.	RAYONS des COURBES.	

PREMIÈRE PARTIE. — DE NEVERS A CLERMONT-FERRAND.

INDICATION des PARTIES DU CHEMIN.	NUMÉROS des DROITES.	LONGUEURS des DROITES. (M.)	NUMÉROS des COURBES.	DÉVELOPP^s. des COURBES. (M.)	RAYONS des COURBES. (M.)	DÉSIGNATION des LIEUX PRINCIPAUX.
	1	322	»	»	»	
	»	»	1	577	2,000	
	2	292	»	»	»	
	»	»	2	1,532	2,000	
	3	496	»	»	»	Canal latéral à la Loire.
	»	»	3	1,153	1,000	Le crot de Savigny.
	4	770	»	»	»	
	»	»	4	300	2,000	
	5	230	»	»	»	
Depuis le pont de Ne-vers jusqu'à l'en-trée dans la vallée de la Colâtre, près Uxeloup.	»	»	5	1,437	1,000	Forêt de Sermoise.
	6	228	»	»	»	
	»	»	6	1,024	1,000	Domaine de la Maison neuve.
	7	187	»	»	»	
	»	»	7	695	1,500	
	8	693	»	»	»	Chevenon.
	»	»	8	1,451	1,500	L'atelier.
	9	1,471	»	»	»	
	»	»	9	579	2,000	
	»	»	10	799	1,500	
	10	773	»	»	»	Traversée de la Colâtre.
	»	»	11	562	2,000	
	11	1,187	»	»	»	Plateau de Marigny.
	»	»	12	1,508	1,000	Entrée dans la vallée de la Colâtre.
A reporter. . .		6,649		11,617		

INDICATION des PARTIES DU CHEMIN.	PARTIES DROITES		PARTIES COURBES.			DÉSIGNATION des LIEUX PRINCIPAUX.
	NUMÉROS des DROITES.	LONGUEURS des DROITES.	NUMÉROS des COURBES.	DÉVELOPP^s. des COURBES.	RAYONS des COURBES.	
Report. . .		6,649 M.		11,617 M.	M.	
	12	595	»	»	»	
	»	»	13	775	1,000	Contrefort du chateau de Rozemont.
	13	210	»	»	»	
	»	»	14	460	1,000	Rasin des Quatre Fenêtres.
	14	195	»	»	»	
Sur la rive droite de la vallée de la Colâtre entre Uxeloup et le domaine de Crot-Maçon.	»	»	15	915	1,000	Contrefort de Boursier.
	15	183	»	»	»	
	»	»	16	745	1,000	
	16	210	»	»	»	
	»	»	17	650	1,000	Contrefort de la Chagnette.
	17	210	»	»	»	
	»	»	18	995	1,000	Vallon de la Tour.
	18	210	»	»	»	
	»	»	19	823	1,000	
	19	135	»	»	»	
	»	»	20	410	1,000	
	20	325	»	»	»	
	»	»	21	770	1,000	Domaine de la Noue.
	21	338	»	»	»	
	»	»	22	1,256	1,500	
Depuis le domaine de Crot-Maçon jusqu'au point d'arrivée à Moulins.	22	1,355	»	»	»	Domaine de Crot-Maçon.
	»	»	23	510	4,000	
	23	3,651	»	»	»	
	»	»	24	1,153	6,000	Limite des départements de la Nièvre et de l'Allier. Aurouer.
	24	5,747	»	»	»	
	»	»	25	899	8,000	
	25	7,182	»	»	»	Trévol.
	»	»	26	1,059	900	Arrivée à Moulins.
A reporter. . .		27,195		23,037		

INDICATION des PARTIES DU CHEMIN.	PARTIES DROITES		PARTIES COURBES.			DÉSIGNATION des LIEUX PRINCIPAUX.
	NUMÉROS des DROITES.	LONGUEURS des DROITES.	NUMÉROS des COURBES.	DÉVELOPP^5. des COURBES.	RAYONS des COURBES.	
Report. . .		27,195 M.		23,037 M.	M.	
Depuis le point d'arrivée à Moulins et le domaine des Garnauds à l'entrée de la plaine de Chemilly.	26	1,250	»	»	,	Traversée de l'Allier.
	,	»	27	1,265	1,000	Coteau du château Vallière.
	27	815	,	»	»	
	,	»	28	185	1,800	
	28	375	,	,	,	
	,	,	29	345	1,500	
	29	695	,	,	,	
	,	,	30	351	2,000	Coteau de Bressolles.
	30	591	»	,	,	
	,	»	31	477	2,500	Domaine des Garnauds.
	31	506	»	»	,	
	,	,	32	918	3,500	
Dans la plaine de Chemilly, jusque sous Chatel de Neuve.	32	832	,	,	,	
	,	,	33	633	4,000	
	33	4,340	,	»	»	Chemilly.
	,	,	34	805	4,000	
	34	2,412	,	,	,	
	»	»	35	430	6,000	Tilly.
	35	2,328	»	»	»	
	,	,	36	580	6,000	Chateau de St-Laurent sous Chatel-de-Neuve.
Depuis le Chateau de Saint-Laurent sous Chatel de Neuve jusqu'à Monestay.	36	725	,	,	,	
	»	,	37	260	1,000	Coteau de Monestay entre Chatel-de-Neuve et Monestay.
	37	225	,	,	»	
	,	,	38	550	1,000	
	38	214	,	»	»	Monestay.
A reporter. . .		42,503		29,836		

INDICATION des PARTIES DU CHEMIN.	PARTIES DROITES		PARTIES COURBES.			DÉSIGNATION des LIEUX PRINCIPAUX.
	NUMÉROS des DROITES.	LONGUEURS des DROITES.	NUMÉROS des COURBES.	DÉVELOPP^S. des COURBES.	RAYONS des COURBES.	
Report. . .		42,503 M.		29,836 M.	M.	
Depuis le Coteau de Monestay jusqu'à la Sioule.	»	»	39	430	2,000	Traversée des Moreaux.
	39	2,800	»	»	»	Les Guillots.
	»	»	40	250	2,000	Contigny.
	40	520	»	»	»	
	»	»	41	768	1,600	La Sioule (R^e).
Depuis le passage de la Sioule jusqu'au faubourg du Palluet à St.-Pourçain.	41	819	»	»	»	
	»	»	42	925	1,000	
	42	1,776	»	»	»	
	»	»	43	675	2,000	Arrivée à St. Pourçain , au faubourg de Palluet.
	43	6,350	»	»	»	Plaine de St.-Pourçain.
Depuis St.-Pourçain jusqu'au Coteau d'Écolles.	»	»	44	365	1,000	
	44	2,720	»	»	»	
	»	»	»	»	»	
	»	»	45	1,152	1,500	Passage de la Route royale près le Vernet.
	45	950	»	»	»	Aubleterre.
Depuis le Coteau d'É-colles jusque sous le Mayet.	»	»	46	415	1,000	Coteau d'Écolles.
	46	258	»	»	»	
	»	»	47	238	1,200	Coteau de la rive droite de la Sioule entre Écolles et le Mayet.
	47	212	»	»	»	
	»	»	48	390	1,000	
	48	405	»	»	»	
	»	»	49	200	1,000	
	»	»	50	596	2,500	
A reporter. . .		59,313		36,240		

INDICATION des PARTIES DU CHEMIN.	PARTIES DROITES		PARTIES COURBES.			DÉSIGNATION des LIEUX PRINCIPAUX.
	NUMÉROS des DROITES.	LONGUEURS des DROITES.	NUMÉROS des COURBES.	DÉVELOPP^s des COURBRES.	RAYONS des COURBES.	
		M.		M.	M.	
Report. , .		59,313		36,240		
	49	510	»	»	»	Le Mayet d'Écolles.
	»	»	51	780	2,500	
	50	225	»	»	»	
Depuis le Mayet d'É-colles jusqu'à Gan-nat.	»	»	52	1,076	1,800	
	51	469	»	»	»	
	»	»	53	1,105	2,000	Plaine de Saulzet.
	52	3,223	»	»	»	Saulzet.
	»	»	54	947	2,000	
	53	4,821	»	»	»	Gannat.
	»	»	55	1,243	3,000	St.-Genest du Retz.
	54	1,702	»	»	»	
Depuis Gannat jus-qu'à Aigueperse.	»	»	56	3,110	2,000	Tranchée de Montpensier.
	55	1,775	»	»	»	
	»	»	57	733	2,000	Aigueperse.
	56	3,079	»	»	»	Bellecombe.
	»	»	58	567	1,200	Coteau des Charmes de Randan.
	57	1,339	»	»	»	Aubiat.
D'aigueperse à Riom.	»	»	59	920	7,500	Traversée de la Morge. Tranchée de Moutade.
	58	3,228	»	»	»	Plaine de Cellule. Tranchée de Villeneuve.
	»	»	60	1,845	2,000	Vallée d'Embaine.
	59	900	»	»	»	Ville de Riom.
	»	»	61	2,557	2,000	
A reporter. . .		80,584		51,123		

| INDICATION | PARTIES DROITES | | PARTIES COURBES. | | | DÉSIGNATION |
des PARTIES DU CHEMIN.	NUMÉROS des DROITES.	LONGUEURS des DROITES.	NUMÉROS des COURBES.	DÉVELOPP¹. des COURBRES.	RAYONS des COURBES.	des LIEUX PRINCIPAUX.
		M.		M.	M.	
Report. . .		80,584		51,123		
	60	1,033	»	»	»	
	»	»	62	825	5,000	
	61	2,683	»	»	»	Mènétrol.
De Riom à Clermont-Ferrand.	»	»	63	1,769	3,500	Tranchée de Chateau-Gaillard.
	62	3,964	»	»	»	Gerzat.
	»	»	64	767	2,000	
	»	»	65	1,298	1,000	Montferrand.
	63	790	»	»	»	Clermont-Ferrand.
		M.		M.		
Totaux. . .		89,054	»	55,782		

Longueur de la première partie, de Nevers à Clermont-Ferrand. . .   144,836

DEUXIÈME PARTIE. — DE CLERMONT-FRRAND A BRASSAC.

	63	32	»	»	»	
	»	»	66	1,407	900	
Depuis Clermont-Ferrand jusqu'au passage de l'Auzon sous le Cendre.	64	868	»	»	»	
	»	»	67	1,210	3,000	Puy de Crouelle.
	65	5,854	»	»	»	Plaine de Sarlieves.
	»	»	68	1,189	3,000	Le Cendre.
	»	»	69	825	2,200	Passage de l'Auzon.
A reporter. . .		6,754		4,631		

INDICATION des PARTIES DU CHEMIN.	PARTIES DROITES		PARTIES COURBES.			DÉSIGNATION des LIEUX PRINCIPAUX.
	NUMÉROS des DROITES.	LONGUEURS des DROITES.	NUMÉROS des COURBES.	DÉVELOPP^s. des COURBES.	RAYONS des COURBES.	
Report. . .	-	6,754 M.		4,631 M.	M.	
	»	»	70	762	1,600	
Depuis le passage de l'Auzon jusqu'à la traversée de l'Allier sous Corent.	66	548	»	»	»	
	»	»	71	910	1,200	
	67	230	»	»	»	
	»	»	72	1,155	1,600	Les Martres de Veyre.
	68	430	»	»	»	
	»	»	73	1,214	1,000	
	69	1,332	»	»	»	Passage de l'Allier.
	»	»	74	800	900	Tranchée avant Brolat.
	70	267	»	»	»	
Depuis la traversée de l'Allier jusqu'au passage de l'Anguille.	»	»	75	505	1,000	Hameau de Brolat.
	71	380	»	»	»	
	»	»	76	305	2,000	
	72	316	»	»	»	
	»	»	77	595	500	Sous le hameau de Lachaux.
	73	119	»	»	»	
	»	»	78	490	250	Passage de l'Anguille.
	74	666	»	»	»	
	»	»	79	318	2,000	Rocher de Varennes en face de Coudes.
	»	»	80	1,084	500	
	75	62	»	»	»	
	»	»	81	1,097	500	
	76	117	»	»	»	
	»	»	82	764	500	Cap d'Aubeyrat.
Dans les gorges de l'Allier, depuis le passage de l'Anguil-	77	189	»	»	»	
	»	»	83	574	1,000	
	78	260	»	»	»	
A reporter. . .		11,670		15,204		

| INDICATION | PARTIES DROITES | | PARTIES COURBES. | | | DÉSIGNATION |
des PARTIES DU CHEMIN.	NUMÉROS des DROITES.	LONGUEURS des DROITES.	NUMÉROS des COURBES.	DÉVELOPP[s]. des COURBES.	RAYONS des COURBES.	des LIEUX PRINCIPAUX.
Report. . .		11,670 ᴹ·		15,204 ᴹ·	ᴹ·	
le jusqu'à l'entrée	»	»	84	371	2,000	
de la plaine d'Is-	79	353	»	»	»	
soire.	»	»	85	723	500	Remblai en rivière sous le moulin de Pramouzet.
	80	142	»	»	»	
	»	»	86	313	500	En face St.-Yvoine.
	81	58	»	»	»	
	»	»	87	1,035	500	
	82	121	»	»	»	
	»	»	88	473	500	
	83	238	»	»	»	
	»	»	89	202	800	Domaine de Piat.
	84	2,166	»	»	»	Passage de l'Allier. Plaine d'Issoire.
	»	»	90	575	3.000	
	85	1,645	»	»	»	Issoire.
	»	»	91	583	3,000	
Depuis la traversée	86	773	»	»	»	
de l'Allier à l'entrée	»	»	92	815	1,500	
de la plaine d'Issoi-	87	766	»	»	»	
re jusqu'au Coteau	»	»	93	330	1,500	Domaine de Médagne.
de Saint Blaise.	88	1,521	»	»	»	
	»	»	94	763	1,000	Domaine de la Couze.
	89	1,543	»	»	»	
	»	»	95	1,318	1,000	Le Breuil.
	90	729	»	»	»	Chateau de St.-Quentin.
	»	»	96	1,537	1,000	Saint-Blaise.
A reporter. . .		21,725		24,242		

INDICATION des PARTIES DU CHEMIN.	PARTIES DROITES		PARTIES COURBES.			DÉSIGNATION des LIEUX PRINCIPAUX.
	NUMÉROS des DROITES.	LONGUEURS des DROITES.	NUMÉROS des COURBES.	DÉVELOPP^s. des COURBES.	RAYONS des COURBES.	
Report. . .		21,725 M.		24,242 M.	M.	
	91	130	»	»	»	
	»	»	97	348	1,000	
	»	»	98	468	1,500	
	92	214	»	»	»	Tranchée de la Roche.
	»	»	99	118	1,200	
	93	241	»	»	»	
Sur la rive gauche de l'Allier entre Saint Blaise et Brassaget.	»	»	100	515	800	
	94	182	»	»	»	Le Théron (hameau).
	»	»	101	739	800	
	95	444	»	»	»	
	»	»	102	679	1,200	
	96	190	»	»	»	
	»	»	103	529	1,500	
	97	968	»	»	»	Brassaget.
Totaux. . .		24,094	»	27,638		

Longueur de la deuxième partie ;
de Clermont à Brassac. 51,732

LIGNE DE RACCORDEMENT ENTRE LES DEUX PARTIES DU PROJET.

	PARTIES DROITES		PARTIES COURBES.			DÉSIGNATION
Depuis Montferrand jusqu'au domaine de Mondésir.	»	»	64	612	2,000	Mont-Ferrand.
	64	992	»	»	»	Domaine de Montdésir.
Totaux. . .		992	»	612		

Longueur de la ligne de raccordement. . 1,604